网络设备配置与管理

周冬杨　杨佳兰　赵　勃　主　编

延边大学出版社

图书在版编目（CIP）数据

网络设备配置与管理/周冬杨，杨佳兰，赵勃主编．
--延吉：延边大学出版社，2019.5
ISBN 978-7-5688-6971-3

Ⅰ.①网… Ⅱ.①周… ②杨… ③赵… Ⅲ.①网络设备—配置—教材 ②网络设备—设备管理—教材 Ⅳ.①TN915.05

中国版本图书馆 CIP 数据核字（2019）第 105145 号

网络设备配置与管理

主　　编：周冬杨　杨佳兰　赵　勃	
责任编辑：李东哲	
封面设计：盛世达儒文化传媒	
出版发行：延边大学出版社	
社　　址：吉林省延吉市公园路 977 号	邮　　编：133002
网　　址：http://www.ydcbs.com	E-mail：ydcbs@ydcbs.com
电　　话：0433-2732435	传　　真：0433-2732434
制　　作：山东延大兴业文化传媒有限责任公司	
印　　刷：天津雅泽印刷有限公司	
开　　本：787×1092　1/16	
印　　张：12.25	
字　　数：260 千字	
版　　次：2019 年 5 月第 1 版	
印　　次：2019 年 5 月第 1 次印刷	
书　　号：ISBN 978-7-5688-6971-3	

定价：50.00 元

前 言

随着互联网技术的迅速发展和日益普及,各行各业都处在全面网络化和信息化建设的进程中。网络互联技术越来越受到重视,网络设备的配置管理是计算机网络互联的应用基础。因此,培养与网络设备相关的高技能应用型人才成为当前社会发展的迫切需要。"网络设备配置与管理"是一门操作性很强的课程,需要通过大量的实践操作训练,并结合实际企业工程项目,才能取得理想的学习效果。

本书以提高学生的职业能力和职业素养为宗旨,编者总结多年积累的项目经验,将企业工程项目和方案带入课堂,力争将当前最新行业技术传递到教学一线,这是一本实践性较强的项目实训教材。

本书具有以下特色:

1. 以就业为导向,以企业需求为依据,以培养职业能力为核心。全书项目均来自企业一线,使学生在学校就可以接触企业实际工程案例,便于其快速融入企业业务。

2. 项目引领、任务驱动。体现了"工作过程"和"教、学、做一体化"的先进职业教学理念,通过任务训练获得的成果,激发学生的成就感,提高学生的实践技能。

3. 内容实用,突出能力,知识目标、技能目标明确。学生通过每个任务中的训练,完成一个完整的项目案例,在大量的实践活动中获得知识技能。

由于时间仓促,编者水平有限,书中难免存在不妥和疏漏之处,恳请广大读者指正。

目 录

项目一　交换机配置基础 ... 1
- 任务1　交换机的初始化配置 ... 1
- 任务2　交换机 VLAN 划分 ... 9
- 任务3　跨交换机实现相同 VLAN 互通 ... 13
- 任务4　利用三层交换机路由功能实现不同 VLAN 互通 ... 18
- 任务5　生成树配置一（端口上开启 RSTP） ... 22
- 任务6　生成树配置二（VLAN 上开启 RSTP） ... 31
- 任务7　端口聚合 ... 36
- 任务8　交换机端口安全 ... 42
- 练习题 ... 48

项目二　交换机的复杂功能 ... 49
- 任务1　三层交换机的路由功能一（端口路由） ... 49
- 任务2　三层交换机的路由功能二（SVI 路由） ... 53
- 任务3　交换机综合实验网络规划与配置 ... 58
- 练习题 ... 62

项目三　路由器的基础配置 ... 63
- 任务1　路由器基本配置与静态路由 ... 63
- 任务2　单臂路由配置 ... 69
- 任务3　RIP 动态路由配置 ... 73
- 任务4　OSPF 动态路由单区域配置 ... 80
- 任务5　OSPF 动态路由多区域配置 ... 90
- 练习题 ... 96

项目四　广域网的接入知识 ... 97
- 任务1　广域网协议封装与 PPP 的 PAP 认证 ... 97
- 任务2　PPP 的 CHAP 认证 ... 104
- 任务3　VoIP 因特网语音协议拨号对等体实验 ... 109
- 练习题 ... 115

项目五　网络安全与访问控制 ... 116
- 任务1　标准 ACL 访问控制列表实验一（编号方式） ... 116

  任务 2 标准 ACL 访问控制列表实验二（命名方式） 121
  任务 3 扩展 ACL 访问控制列表实验一（编号方式） 126
  任务 4 扩展 ACL 访问控制列表实验二（命名方式） 132
  任务 5 扩展 ACL 访问控制列表实验三（VTY 访问限制） 137
  练习题 144

项目六 内外网互联 145
  任务 1 动态 NAPT 配置 145
  任务 2 反向 NAT 映射 150
  任务 3 DHCP 配置（Client 与 Server 处于同一子网） 155
  任务 4 DHCP 中继代理（Client 与 Server 处于不同子网） 160
  任务 5 Wireless 无线实验 165
  练习题 174

项目七 组建简单的小型网络（综合应用 1） 175

项目八 构建中型的园区网络（综合应用 2） 179

项目九 将办公网络接入互联网（综合应用 3） 182
  任务 1 实现内网用户访问互联网 182
  任务 2 实现外网访问内网服务器 184

参考文献 187

项目一　交换机配置基础

任务 1　交换机的初始化配置
任务 2　交换机 VLAN 划分
任务 3　跨交换机实现相同 VLAN 互通
任务 4　利用三层交换机路由功能实现不同 VLAN 互通
任务 5　生成树配置一（端口上开启 RSTP）
任务 6　生成树配置二（VLAN 上开启 RSTP）
任务 7　端口聚合
任务 8　交换机端口安全

任务 1　交换机的初始化配置

【学习情境】

你是某公司的网络管理员，现在新买了一台二层交换机，需要安装在某个车间，要对其进行初始化配置，配置的内容包括：终端密码（控制台 Console 口）、虚拟终端密码（远程登录密码）、用户特权密码、管理地址以及默认网关。

【学习目的】

1. 能对交换机进行初始化配置的拓扑搭建与正确连线。
2. 能正确使用 PC 的超级终端，会配置交换机名称与控制台密码。
3. 会配置和验证交换机的远程登录密码。
4. 会配置和验证交换机的特权密码（加密和非加密两种方式）。
5. 会配置交换机的管理地址与默认网关。
6. 会配置 PC 的网卡地址与默认网关。
7. 会保存配置命令、配置文件和提交作业。

【相关设备】

二层交换机 1 台、PC 1 台、交换机配置线 1 根、直连线 1 根。

【实验拓扑】

拓扑如图 1-1-1 所示。

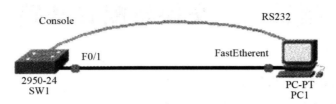

图 1-1-1　实验拓扑搭建示意图

【实验任务】

1. 先通过配置线进行网络拓扑搭建（图 1-1-2），指定相关端口（Console 和 RS232），并进行正确连线，对交换机和 PC 进行名称标注。

图 1-1-2　网络拓扑搭建示意图

2. 通过 PC 的超级终端（开始—程序—附件—通信—超级终端）进入交换机（图 1-1-3），配置交换机名为 SW2950。如果是模拟器，超级终端截图如图 1-1-4 所示。

图 1-1-3　SW2950 交换机超级终端截图

项目一 交换机配置基础

图 1-1-4 模拟器超级终端截图

3. 设置交换机的控制台密码为 123456。退出到用户模式，退出超级终端，重新进入，验证控制台密码的有效性（图 1-1-5）。

图 1-1-5 交换机超级终端登陆界面

4. 设置交换机的特权密码（非加密）为 swpassword，特权密码（加密）为 swsecret，注意当两种密码同时设置时，加密的密码有效，非加密的变为无效。退出到用户模式，再进入特权模式并验证特权密码的有效性（图 1-1-6）。

图 1-1-6 特权模式登陆界面

5. 配置交换机的管理 IP 为 192.168.0.10/24，配置交换机的默认网关为 192.168.0.254。

6. 设置交换机的远程登录密码为 abcdef。

7. 配置 PC1 的 IP 为 192.168.0.1/24，默认网关为 192.168.0.254。

8. 如图 1-1-7 所示，删除配置线，用直连线将交换机和 PC 连接，注意端口（F0/1 和网卡）的变化。

图 1-1-7 PC 与交换机直连线连接图

在 PC1 上测试自己的地址和交换机地址的连通性（ping 命令），一定要调通，如图

· 3 ·

1-1-8所示。

```
PC>ping 192.168.0.1

Pinging 192.168.0.1 with 32 bytes of data:

Reply from 192.168.0.1: bytes=32 time=16ms TTL=128
Reply from 192.168.0.1: bytes=32 time=15ms TTL=128
Reply from 192.168.0.1: bytes=32 time=0ms TTL=128
Reply from 192.168.0.1: bytes=32 time=0ms TTL=128

Ping statistics for 192.168.0.1:
    Packets: Sent = 4, Received = 4, Lost = 0 (0% loss),
Approximate round trip times in milli-seconds:
    Minimum = 0ms, Maximum = 16ms, Average = 7ms

PC>ping 192.168.0.10

Pinging 192.168.0.10 with 32 bytes of data:

Reply from 192.168.0.10: bytes=32 time=31ms TTL=255
Reply from 192.168.0.10: bytes=32 time=28ms TTL=255
Reply from 192.168.0.10: bytes=32 time=31ms TTL=255
Reply from 192.168.0.10: bytes=32 time=31ms TTL=255

Ping statistics for 192.168.0.10:
    Packets: Sent = 4, Received = 4, Lost = 0 (0% loss),
Approximate round trip times in milli-seconds:
    Minimum = 28ms, Maximum = 31ms, Average = 30ms

PC>
```

图 1-1-8　交换机连通图

再使用 telnet 命令远程登录交换机，测试远程登录密码，如图 1-1-9 所示。

```
PC>telnet 192.168.0.10
Trying 192.168.0.10 ...


User Access Verification

Password:
```

图 1-1-9　远程登陆交换机界面

9. 保存交换机的当前配置到启动配置中,确保重新启动配置不会丢失。
10. 最后把配置文件以及测试结果截图打包,以"学号姓名"为文件名,提交作业。

【实验命令】

1. 查看交换机的版本和当前配置

showversion
showrunning-config

2. 配置交换机的名称

Switch>
Switch>enable
Switch#configureterminal
Switch(config)#hostnameSW2950
SW2950(config)#

3. 配置交换机的终端密码(控制台 Console 口密码)

SW2950>
SW2950>enable
SW2950#configureterminal
SW2950(config)#lineconsole0
SW2950(config-line)#password123456
SW2950(config-line)#login
SW2950(config-line)#exit
SW2950(config)#

4. 设置用户特权密码

SW2950>
SW2950>enable
SW2950#configureterminal
SW2950(config)#enablepasswordswpassword   (非加密)
SW2950(config)#enablesecretswsecret   (加密)

5. 配置交换机的虚拟终端密码(远程登录密码,Vty 口密码。交换机为 15 级,路由器为 4 级)

SW2950>

```
SW2950>enable
SW2950#configureterminal
SW2950(config)#linevty015
SW2950(configline)#passwordabcdef
SW2950(config-line)#login
SW2950(config-line)#exit
SW2950(config)#
```

6. 查看交换机的 MAC 地址表

```
SW2950#showmac-address-table
```

7. 配置交换机的管理地址和默认网关

```
SW2950>
SW2950>enable
SW2950#configureterminal
SW2950(config)#interfaceVLAN1
SW2950(config-VLAN)#ipaddress192.168.0.10 255.255.255.0
SW2950(config-VLAN)#noshutdown
SW2950(config-VLAN)#exit
SW2950(config)#ipdefault-gateway192.168.0.254
SW2950(config)#
```

8. 保存当前配置文件

```
SW2950#copyrunning-configstartup-config
SW2950#writememory
```

【注意事项】

1. 确定自己设定的密码都正确，如果进不去，有可能你的输入法处于输入汉字状态，可以用＜Ctrl＋空格＞关闭输入法，再重试。

2. 在实验中出现问题的时候多使用命令 showrunning-config 来观看配置信息。

【配置结果】

```
SW2950#showrunning-config:
```

```
Building configuration...
Current configuration:1046 bytes
version 12.1
no service password-encryption
hostname sw2950
enable secret 5  $1 $mERr $SX1DdzJ6XG4NC1AaR9JWv1
enable password swpassword
interface FastEthernet0/1
interface FastEthernet0/2
interface FastEthernet0/3
interface FastEthernet0/4
interface FastEthernet0/5
interface FastEthernet0/6
interface FastEthernet0/7
interface FastEthernet0/8
interface FastEthernet0/9
interface FastEthernet0/10
interface FastEthernet0/11
interface FastEthernet0/12
interface FastEthernet0/13
interface FastEthernet0/14
interface FastEthernet0/15
interface FastEthernet0/16
interface FastEthernet0/17
interface FastEthernet0/18
interface FastEthernet0/19
interface FastEthernet0/20
interface FastEthernet0/21
interface FastEthernet0/22
interface FastEthernet0/23
interface FastEthernet0/24
interface vlan1
ip address 192.168.0.10 255.255.255.0
ip default-gateway 192.168.0.254
line con 0
   password 123456
   login
line vty 0 4
   password abcdef
   login
line vty 0 15
password abcdef
   login
end
```

【技术原理】

1. 两大类主要的交换机的访问方式

（1）带外管理：通过带外对交换机进行管理（PC与交换机直接相连）。

(2)带内管理:通过 Telnet 对交换机进行远程管理,通过 Web 对交换机进行远程管理,通过 SNMP 工作站对交换机进行远程管理。

2. 六种主要的交换机配置命令模式

(1)用户模式 Switch>。

(2)特权模式 Switch#。

(3)全局模式 Switch(config)#。

(4)端口模式 Switch(config-if)#。

(5)VLAN(虚拟局域网)配置模式 Switch(confg-vlan)#。

(6)线路配置模式 Switch(config-line)#。

3. 命令行的常用快捷键及其功能

(1)?:获取命令帮助;

(2)tab:将简写的命令补填完整;

(3)Ctrl+P 或上方向键:调出最近(前一)使用过的命令;

(4)Ctrl+N 或下方向键:调出更近用过的命令;

(5)Ctrl+A:光标移动到命令行的开始位置;

(6)Ctrl+E:光标移动到命令行的结束位置;

(7)Esc+B:回移一个单词;

(8)Ctrl+F:下移一个字符;

(9)Ctrl+B:回移一个字符;

(10)Esc+F:下移一个单词;

(11)Ctrl+D:删除当前字符;

(12)Ctrl+Shift+6:终止一个进程。

4. 交换机的硬件结构(图 1-1-10)

图 1-1-10 交换机的硬件结构

(1)Flash(闪存):交换机操作系统(RCNOS)、配置文件(config.text)。

(2)RAM(随机存储器):交换机当前运行的配置(running-config)。

(3)ROM(只读存储器):MiniOS、BootStart。

5. 配置文件的管理

(1)保存配置:将当前运行的参数保存到 Flash 中,用于系统初始化时初始化参数。

Switch#copyrunning-configstartup-config

Switch#writememory

Switch#write

（2）删除配置：永久性地删除 Flash 中不需要的文件。

使用命令 deleteflash：config.text

（3）删除 Vlan 数据库：永久性地删除 Flash 中 Vlan 数据库文件。

使用命令 deleteflash：vlan.dat

（4）查看配置文件内容。

Switch#moreflash：config.text

Switch#showconfigure

Switch#showrunning-config

任务 2 交换机 VLAN 划分

【学习情境】

你是某公司的网络管理员，现在新买了一台二层交换机，需要安装在销售部门，其中 PC1 和 PC2 为同一个销售小组，PC3 是一个独立的销售小组，要求同小组的 PC 之间可以相互通信，不同小组的 PC 之间不能通信。要对其进行配置，配置的内容包括：终端密码（控制台 Console 口）、虚拟终端密码（远程登录密码）、用户特权密码、管理地址以及默认网关、VLAN 划分。

【学习目的】

1. 能对交换机进行拓扑搭建与正确连线。
2. 复习和巩固交换机多种管理密码的配置。
3. 了解交换机 VLAN 的原理、作用和多种方式。
4. 学会配置 VLAN 和验证 VLAN 的效果。

【相关设备】

二层交换机 1 台、PC4 台、交换机配置线 1 根、直连线 4 根。

【实验拓扑】

拓扑如图 1-2-1 所示。

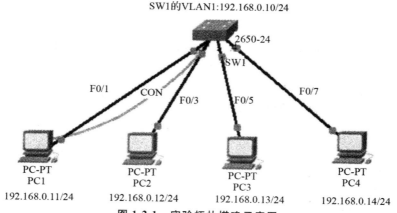

图 1-2-1　实验拓扑搭建示意图

【实验任务】

1. 进行网络拓扑搭建，将 4 台 PC 分别连在交换机的 F0/1、F0/3、F0/5、F0/7 口上，交换机 Console 口接到 PC1 的 RS232 口上。对交换机和 PC 进行名称标注、地址设置（包括子网掩码）。

2. 配置 PC 的 IP。PC1：192.168.0.11；PC2：192.168.0.12；PC3：192.168.0.13；PC4：192.168.0.14；子网掩码均为 255.255.255.0，网关均为 192.168.0.254。测试 4 台 PC 之间的互通情况（结果应该是全通）。

3. 配置交换机。名为 SW1，管理 IP 为 192.168.0.10/24，网关为 192.168.0.254。控制台密码为 network，远程登录密码为 rjxy，特权密码为 wjxvtc。测试交换机与 4 台 PC 之间的互通情况（结果应该是全通）。

4. 在交换机上创建 VLAN2 和 VLAN3，并按如下要求进行划分。VLAN2 包含 F0/1～F0/4 口（即包含 PC1、PC2），VLAN3 包含 F0/5 口（即包含 PC3），结果如图 1-2-2 所示。

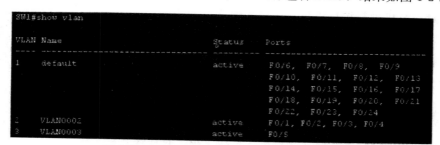

图 1-2-2　VLAN2 和 VLAN3 创建划分示意图

5. 测试交换机、4 台 PC 之间的互通情况，验证 VLAN 的功能（结果应该 PC1 与 PC2 互通，PC4 与交换机互通，其他都不通）。

6. 删除 VLAN3，注意要先把 F0/5 释放回 VLAN1 再删除。再测试 PC3 与其他设备的通信情况（应该是 PC3 可以与 PC4、交换机互通，与 PC1、PC2 不通）。

7. 最后把配置以及测试结果截图打包，以"学号姓名"为文件名，提交作业。

项目一 交换机配置基础

【实验命令】

1. 创建 VLAN

SW1＃vlandatabase
SW1（vlan）＃vlan2
SW1（vlan）＃exit
SW1＃
SW1（config）＃vlan2
SW1（config-vlan）＃exit
SW1（config）＃

2. 查看 VLAN

SW1＃showvlan

3. 划分 port-vlan

SW1（config）＃interface FastEthernet0/5
SW1（config-if）＃switchportaccessvlan3
SW1（config）＃interfacerangeFastEthernet0/1-4
SW1（config-if-range）＃switchportaccessvlan2

4. 删除 VLAN

SW1（config）＃interface FastEthernet0/5
SW1（config-if）＃switchportaccessvlan1
SW1（config-if）＃end
SW1＃VLANdatabase
SW1（VLAN）＃novlan3

【注意事项】

1. 注意交换机的提示符状态，不同情况下做的命令和事情是不一样的。如下面的错误情况（本想创建完 VLAN3，再把 F0/5 口加入），请分析原因。

SW1＃vlandatabase
SW1（VLAN）＃vlan3
SW1（VLAN）＃interface FastEtharnet0/5 此时发现命令错误
SW1（config-if）＃switchportaccessvlan3

2. 如果发现 PC1 已经不能对交换机进行远程登录了，那是因为 PC1 和交换机的 IP 不在

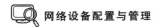

同一个 VLAN 中。可以把交换机的 Console 口配置线移至 PC4 的 RS232 口上进行远程登录。

【配置结果】

SW1#showrunning-config:

```
Building configuration...
Current configuration:1154 bytes
version 12.1
no service password-encryption
hostname SW1
enable password wjxvtc
interface FastEthernet0/1
  switchport access vlan 2
  switchport mode access
interface FastEthernet0/2
  switchport access vlan 2
  switchport mode access
```

```
Building configuration...
Current configuration:1154 bytes
version 12.1
no service password-encryption
hostname SW1
enable password wjxvtc
interface FastEthernet0/1
  switchport access vlan 2
  switchport mode access
interface FastEthernet0/2
  switchport access vlan 2
  switchport mode access
interface FastEthernet0/3
  switchport access vlan 2
  switchport mode access
interface FastEthernet0/4
  switchport access vlan 2
  switchport mode access
interface FastEthernet0/5
interface FastEthernet0/6
interface FastEthernet0/7
interface FastEthernet0/8
interface FastEthernet0/9
interface FastEthernet0/10
interface FastEthernet0/11
interface FastEthernet0/12
interface FastEthernet0/13
interface FastEthernet0/14
interface FastEthernet0/15
interface FastEthernet0/16
interface FastEthernet0/17
interface FastEthernet0/18
interface FastEthernet0/19
interface FastEthernet0/20
interface FastEthernet0/21
interface FastEthernet0/22
interface FastEthernet0/23
interface FastEthernet0/24
interface vlan1
  ip address 192.169.0.10 255.255.255.0
line con 0
password network
  login
line vty 0 4
  password rjxy
  login
line vty 5 15
  password rjxy
  login
end
```

项目一 交换机配置基础

【技术原理】

1. VLAN（Virtual Local Area Network），翻译成中文是"虚拟局域网"

VLAN是在一个物理网络上划分出来的逻辑网络。这个网络对应于OSI模型的第二层网络。VLAN的划分不受网络端口的实际物理位置的限制。VLAN有着和普通物理网络同样的属性。第二层的单播帧、广播帧和多播帧在一个VLAN内转发、扩散，而不会直接进入其他的VLAN之中。

广播域的概念：广播域，指的是广播帧（目标MAC地址全部为1）所能传递到的范围，即能够直接通信的范围。严格地说，并不仅是广播帧，多播帧（MulticastFrame）和目标不明的单播帧（UnknownUnicastFrame）也能在同一个广播域中畅行无阻。

本来二层交换机只能构建单一的广播域，不过使用VLAN功能后，VLAN通过限制广播帧转发的范围分割了广播域，这样就将网络分割成多个广播域。

2. 交换机的端口的两种模式

（1）访问链接（AccessLink）。

（2）汇聚链接（TrunkLink）。

设定访问链接的方法可以是事先固定的，也可以是根据所连的计算机而动态改变设定。前者称为"静态VLAN"，后者则称为"动态VLAN"。

3. VLAN的种类

（1）静态VLAN（基于端口的VLAN）：将交换机的各端口固定指派给VLAN（一个端口只属于一个PortVLAN）。

（2）基于MAC地址的动态VLAN：根据各端口所连计算机的MAC地址设定。

（3）基于子网的动态VLAN：根据各端口所连计算机的IP地址设定。

（4）基于用户的动态VLAN：根据端口所连计算机上的登录用户设定。

任务3　跨交换机实现相同VLAN互通

【学习情境】

你是某公司的网络管理员，现在PC1和PC3都是财务部的电脑，是处于不同的楼层中的不同交换机上，但要实现它们的相互通信；PC2是销售部的电脑，虽然和财务部的PC1处于同一台交换机上，但要限制它们不能通信，需要对同一广播域进行隔离。

【学习目的】

1. 掌握TagVLAN的功能和作用。

2. 掌握 IEEE802.1Q 的技术原理。

3. 理解 Trunk 连接与普通连接的区别和作用。

4. 会对跨交换机之间的 VLAN 实现互通。

【相关设备】

二层交换机 2 台、PC3 台、直连线 3 根、交叉线 1 根。

【实验拓扑】

拓扑如图 1-3-1 所示。

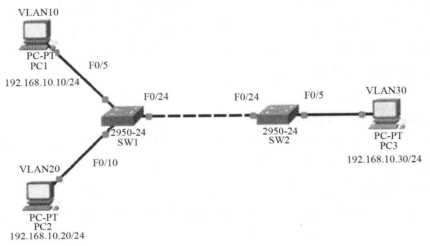

图 1-3-1　实验拓扑搭建示意图

【实验任务】

1. 进行网络拓扑搭建，将 PC1 连接在 SW1 的 F0/5 口上，将 PC2 连接在 SW1 的 F0/10 口上，将 PC3 连接在 SW2 的 F0/5 口上。SW1 与 SW2 之间通过 F0/24 口用交叉线相连。

2. 配置 3 台 PC 的地址、子网掩码，默认网关都是 192.168.10.254。测试结果：PC1、PC2、PC3 都能互通，这是实验的基础，必须全通。

3. 在 SW1 和 SW2 上分别创建 VLAN10 和 VLAN20，并把 SW1 和 SW2 的 F0/5 口放入 VLAN10 中，把 SW1 上的 F0/10 口放入 VLAN20 中。测试结果：PC1、PC2、PC3 都不能互通。

4. 2 台交换机的连接口配置 Trunk 模式，形成干线，实现不同交换机之间的相同 VLAN 可以互通。测试结果：PC1 能与 PC3 互通，而 PC2 与 PC1、PC3 不通。

5. 再把 PC3 放到 VLAN20，观察互通的情况。测试结果：PC1 与 PC2、PC3 不通，而 PC2 与 PC3 互通。

6. 最后把配置以及 ping 的结果截图打包，以"学号姓名"为文件名，提交作业。

【实验命令】

1. 建立 VLAN 的另一种方式（全局模式下创建）

Switch＞enable
Switch＃configureterminal
SW1（config）＃vlan10
SW1（config-vlan）＃exit
SW1（config）＃vlan20
SW1（config-vlan）＃exit
SW1（config）＃

2. 2 台交换机的连接口配置 Trunk 模式

SW1（config）＃interfaceFastEthernet0/24
SW1（config-if）＃switchportmodetrunk
SW2（config）＃interfaceFastEthernet0/24
SW2（config-if）＃switchportmodetrunk

【注意事项】

1. 一般情况下，相同设备之间用交叉线连接，不同设备之间用直连线连接。如图 1-3-1 中的 SW1 与 SW2 之间通过 F0/24 口用交叉线相连。

2. 交换机配置 Trunk 模式时，两个相关的交换机互连端口都要进行配置，单方配置 Trunk 是没有作用的。

3. 有时为了更好地观察实验的效果，在 ping 命令中可以加 t 参数。如 PC1 对 PC3 进行 ping 的时候：ping192.168.10.30-t（或 ping-t192.168.10.30）。

【配置结果】

1. SW1＃showvlan

```
VLAN   Name       Status    Ports
----   --------   ------    -----------------------
1      default    active    F0/1,F0/2,F0/3,F0/4
                            F0/6,F0/7,F0/8,F0/9
                            F0/11,F0/12,F0/13,F0/14
                            F0/15,F0/16,F0/17,F0/18
                            F0/19,F0/20,F0/21,F0/22
                            F0/23,F0/24
10     VLAN0010   active    F0/5,F0/24
20     VLAN0020   active    F0/10,F0/24
```

2. SW1♯showrunning-config

```
Building configuration...
Current configuration:941 bytes
version 12.1
no service password-encryption
hostname Switch1
interface FastEthernet0/1
interface FastEthernet0/2
interface FastEthernet0/3
interface FastEthernet0/4
interface FastEthernet0/5
  switchport access vlan 10
interface FastEthernet0/6
interface FastEthernet0/7
interface FastEthernet0/8
interface FastEthernet0/9
interface FastEthernet0/10
switchport access vlan 20
interface FastEthernet0/11
interface FastEthernet0/12
interface FastEthernet0/13
interface FastEthernet0/14
interface FastEthernet0/15
interface FastEthernet0/16
interface FastEthernet0/17
interface FastEthernet0/18
interface FastEthernet0/19
interface FastEthernet0/20
interface FastEthernet0/21
interface FastEthernet0/22
interface FastEthernet0/23
interface FastEthernet0/24
  switchport mode trunk
interface Vlan1
  no ip address
  shutdown
line con 0
line vty 0 4
  login
line vty 5 15
  login
end
```

【技术原理】

1. 设置跨越多台交换机的 VLAN

前面学习的都是使用单台交换机设置 VLAN 时的情况。那么，如果需要设置跨越多台交换机的 VLAN 时又如何呢？在规划企业级网络时，很有可能会遇到隶属于同一部门的用户分散在同一座建筑物中的不同楼层的情况，这时可能就需要考虑如何跨越多台交换机设置 VLAN 的问题了。

为了避免这种低效率的连接方式，人们想办法让交换机间互联的网线集中到一根上，这时使用的就是汇聚链接（TrunkLink）的方法。

汇聚链接（TrunkLink）指的是能够转发多个不同 VLAN 通信的端口。汇聚链路上流通的数据帧都被附加了用于识别分属于哪个 VLAN 的特殊信息（TagVLAN），如图 1-3-2 所示。

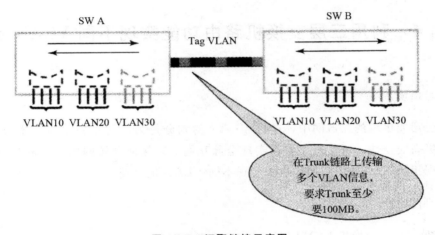

图 1-3-2　汇聚链接示意图

通过汇聚链路时附加的 VLAN 识别信息，就要支持标准的"IEEE802.1Q"协议。基于 IEEE802.IQ 附加的 VLAN 信息，就像在传递物品时附加的标签。因此，它也被称作"标签型 VLAN（TaggingVLAN）"。

（1）传输多个 VLAN 的信息。

（2）实现同一 VLAN 跨越不同的交换机。

2. IEEE802.10 数据帧

IEEE802.1Q，俗称"DotOneQ"，是经过 IEEE 认证的对数据帧附加 VLAN 识别信息的协议。

IEEE802.1Q 所附加的 VLAN 识别信息位于数据帧中"发送源 MAC 地址"与"类别域（Type23Field）"之间。具体内容为 2 字节的 TPID 和 2 字节的 TCI，共计 4 字节，如图 1-3-3 所示。

目的，源MAC地址	2字节标记协议标识 2字节标记控制信息	类型，数据	重新计算帧检测序列

图 1-3-3　数据帧中的内容

在数据帧中添加了 4 字节的内容，那么 CRC 值自然也会有所变化。这时数据帧上的 CRC 是插入 TPID、TCI 后，对包括它们在内的整个数据帧重新计算后所得的值。而当数据帧离开汇聚链路时，TPID 和 TCI 会被去除，这时还会进行一次 CRC 的重新计算。

（1）标记协议标识（TPID）：周定值 0x8100，表示该帧载有 802.1Q 标记信息。

（2）标记控制信息（TCI）：

Priority：3 比特表示优先级。

Canonicalformatindicator：1 比特用于总线型以太网、FDDI、令牌环网。

VlanID：12 比特表示 VID，范围 1～4094。

任务 4　利用三层交换机路由功能实现不同 VLAN 互通

【学习情境】

一个公司或单位的局域网中，进行 VLAN 的划分是为了防止病毒的传播和相同部门的隔离，提高安全性，可是最终要都实现全部互通，以保证局域网内的互联功能，所以，不仅要实现相同 VLAN 的互通，也要实现不同 VLAN 的互通。

【学习目的】

1. 掌握在三层交换机上配置 SVI 口（交换虚拟接口）的方法。
2. 掌握三层交换机上直连路由的形成原理。
3. 了解路由的作用和掌握查看路由表的方法。

【相关设备】

三层交换机 1 台、二层交换机 2 台、PC2 台、直连线 2 根、交叉线 2 根。

【实验拓扑】

拓扑如图 1-4-1 所示。

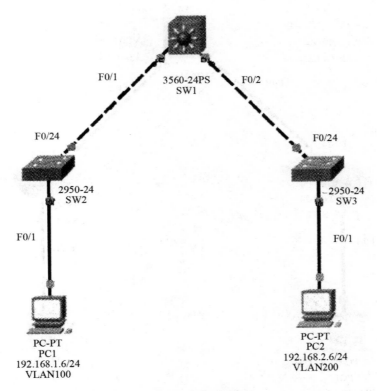

图 1-4-1 数据帧中的内容

【实验任务】

1. 如图 1-4-1 所示，搭建网络拓扑，PCI 的 IP 是 192.168.1.6/16，网关 192.168.1.254；PC2 的 IP 为 192.168.26/16，网关 192.168.2.254；子网掩码都是 255.255.0.0，测试 2 台 PC 的通信情况（互通）。

2. 设置交换机的提示符名分别为 SW1（三层）和 SW2、SW3。

3. 配置二层交换机，分别在 2 个二层交换机上创建 VLAN100 和 VLAN200，并将 PC1 移入 VLAN100，PC2 移入 VLAN100。测试 2 台 PC 的通信情况（不通）。

4. 在三层交换机 SW1 上设置 VLAN100 和 VLAN200，在交换机间启用 Trunk 链路，保证 VLAN 能够实现跨越交换机的通信。测试 2 台 PC 的通信情况（互通）。

5. 如图 1-4-2 所示，改建网络拓扑，PC1 仍为 VIAN100，PC2 移入 VLAN200。测试 2 台 PC 的通信情况（不通）。

6. 配置三层交换机，为 SVI 口（交换虚拟接口）配置 IP 地址，VIAN100：192.168.1.254，VLAN200：192.168.2.254，子网掩码都是 255.255.255.0，实现直连路由功能。2 个 PC 的子网掩码也要改成 255.255.255.0，要与默认网关的子网掩码一致，路由才能起作用，最终实现 PC1 和 PC2 相互通信。

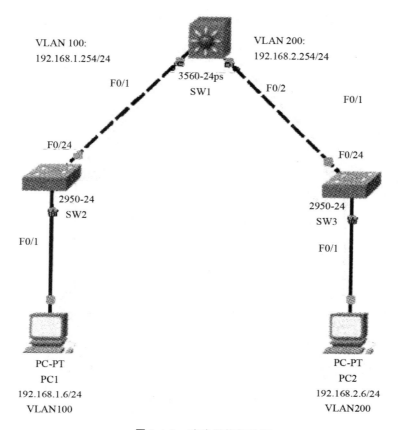

图 1-4-2　改建网络拓扑图

7. 最后把配置以及 ping 的结果截图打包，以"学号姓名"为文件名，提交作业。

【实验命令】

1. SVI 口（交换虚拟接口）配置 IP 地址

SW1（config）#interfacevlan100

SW1（config-VLAN）#ipaddress192.168.1.254255.255.255.0

SW1（config-VLAN）#noshutdown

SW1（config-VLAN）#exit

SW1（config）#interface.vlan200

SW1（config-VLAN）#ipaddress192.168.2.254255.255.255.0

SW1（config-VLAN）#noshutdown

2. 查看路由表信息

SW1#showiproute

【配置结果】

1. SW1#showiproute

```
Codes:C - connected,S - static,I - IGRP,R - RIP,M - mobile,B - BGP
      D - EIGRP,EX - EIGRP external,O - OSPF,IA - OSPF inter area
      N1 - OSPF NSSA external type 1,N2 - OSPF NSSA external type 2
      E1 - OSPF external type 1,E2 - OSPF external type 2,E - EGP
      i - IS - IS,L1 - IS - IS level - 1,L2 - IS - IS level - 2,ia - IS - IS in-
ter area
      * - candidate default,U - per - user static route,o - ODR
      P - periodic downloaded static route
Gateway of last resort is not set

C  192.168.1.0/24 is directly connected,Vlan100
C  192.168.2.0/24 is directly connected,Vlan200
```

2. SW1#showrunning-config

```
Building configuration...
Current configuration:1147 bytes
version 12.2
no service password - encryption
hostname SW1

ip ssh version 1
port - channel load - balance src - mac
interface FastEthernet0 /1
   switchport mode trunk
interface FastEthernet0 /2
   switchport mode trunk
interface FastEthernet0 /3
interface FastEthernet0 /4
interface FastEthernet0 /5
interface FastEthernet0 /6
interface FastEthernet0 /7
interface FastEthernet0 /8
interface FastEthernet0 /9
interface FastEthernet0 /10
interface FastEthernet0 /11
interface FastEthernet0 /12
interface FastEthernet0 /13
interface FastEthernet0 /14
interface FastEthernet0 /15
interface FastEthernet0 /16
interface FastEthernet0 /17
interface FastEthernet0 /18
interface FastEthernet0 /19
interface FastEthernet0 /20
interface FastEthernet0 /21
interface FastEthernet0 /22
interface FastEthernet0 /23
interface FastEthernet0 /24
interface GigabitEthernet0 /1
interface GigabitEthernet0 /2
interface Vlan1
   no ip address
   shutdown
interface Vlan100
ip address 192.168.1.254 255.255.255.0
interface Vlan200
   ip address 192.168.2.254 255.255.255.0
ip classless
```

```
line con 0
line vty 0 4
  login
end
```

【技术原理】

1. VLAN 间路由

VLAN 是广播域，而通常两个广播域之间由路由器连接，广播域之间来往的数据包都是由路由器中继的。因此，VLAN 间的通信也需要路由器提供中继服务，这被称作"VLAN 间路由"。VLAN 间路由，可以使用普通的路由器，也可以使用三层交换机。

为什么不同 VLAN 间不通过路由就无法通信。在 VLAN 内的通信，必须在数据帧头中指定通信目标的 MAC 地址。而为了获取 MAC 地址，TCP/IP 协议下使用的是 ARP。ARP 解析 MAC 地址的方法，则是通过广播。也就是说，如果广播报文无法到达，那么就无从解析 MAC 地址，亦无法直接通信。

计算机分属不同的 VLAN，也就意味着分属不同的广播域，自然收不到彼此的广播报文。因此，属于不同 VLAN 的计算机之间无法直接互相通信。为了能够在 VLAN 间通信，需要利用 OSI 参照模型中更高一层（网络层）的信息（IP 地址）来进行路由选择。

2. 开启三层交换机的路由功能，实现 VLAN 的划分、VLAN 内部的二层交换和 VLAN 间路由的功能

第一步：分别创建每个 VLAN 三层 SVI 端口，并分配 IP 地址：

Switch (config) #interfacevlan<vlan>

Switch (config-if) #ipaddress<address><netmask>

Switch (config-if) #noshutdown

第二步：将每个 VLAN 内主机的网关指定为本 VLAN 接口地址。

任务 5　生成树配置一（端口上开启 RSTP）

【学习情境】

你是某公司的网络管理员，为了提高网络的可靠性，在服务器和核心交换机等很多重要地方进行了 2 根或多根链路的连接，提供了冗余备份，可是现在还要做适当的配置，避免网络出现环路，防止广播风暴。

项目一 交换机配置基础

【学习目的】

1. 理解快速生成树协议的工作原理、广播风暴的形成和对网络的危害。
2. 掌握如何在交换机上配置快速生成树协议。
3. 学会识别快速生成树协议中的根交换机、非根交换机、根端口、指定端口、替换端口、备份端口等重要概念。
4. 掌握交换机优先级和端口优先级的设置。

【相关设备】

三层交换机 1 台、二层交换机 1 台、PC2 台、直连线 2 根、交叉线 2 根。

【实验拓扑】

拓扑如图 1-5-1 所示。

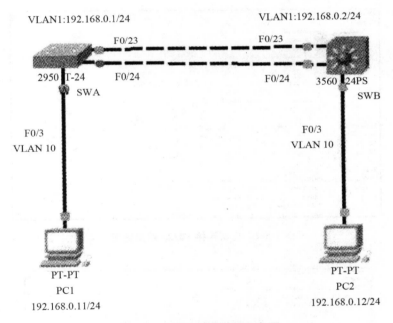

图 1-5-1　实验拓扑搭建示意图

【实验任务】

1. 进行网络拓扑的搭建,将 1 台二层交换机 2950(SWA)与 1 台三层交换机 3560(SWB)用两根交叉线连接 F0/23 和 F0/24 口,分别再连接 1 台 PC(都是 F0/3 口)。
2. 基本 IP 地址配置如图 1-5-1 所示。SWA 的 VLAN1 地址:192.168.0.1/24;SWB 的 VLAN1 地址:192.168.02/24;PC1 的地址:192.168.0.11/24;PC2 的地址:

192.168.0.12/24；4 台设备的默认网关都是 192.168.0.254。测试 4 台设备的互通性（应该是全通）。

3. 在 SWA 和 SWB 上分别建立 VLAN10，并把 F0/3 口都加入。再测试 4 台设备的互通性（应该是 SWA 和 SWB 互通，其他都不通，因为跨交换机之间的 Trunk 模式未设置）。

4. 分别设置 SWA 和 SWB 的 F0/23 口和 F0/24 口的模式为 Trunk。再测试 4 台设备的互通性（应该是 SWA 和 SWB 互通，PC1 和 PC2 互通，其他不通）。

5. 在 PC1 上对 PC2 一直进行 Ping（命令 ping-t192.168.0.12），观察实验中的丢包和连接情况。此时断开主链路，如 F0/23 口（即数据转发口），观察丢掉多少个数据包 F0/24 才能从阻塞变为转发状态，PC2 可以重新 Ping 通。

6. 重新连接 F0/23，再次观察结果，如图 1-5-2 和图 1-5-3 所示。说明在默认的 STP 生成树中，冗余链路的延时比较长，影响网络速度和质量。查看和记录 2 台交换机的生成树信息（ShowSpanningTree），分析并判断 SWA 和 SWB 哪个是根交换机。找出 F0/23 口和 F0/24 口哪个是转发状态，哪个是根端口，哪个是替换端口，哪些是指定端口。

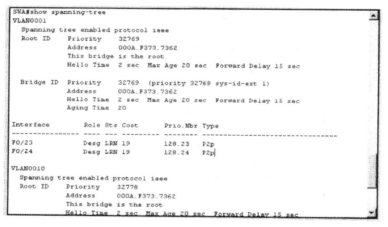

图 1-5-2　重新连接 F0/23 结果截图 a

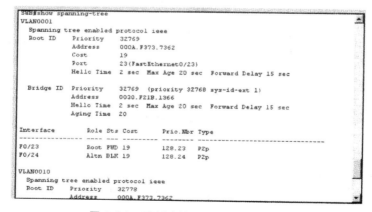

图 1-5-3　重新连接 F0/23 结果截图 b

7. 开启 SWA 和 SWB 的生成树协议，指定类型为 RSTP。再次断开 F0/23 口（即数据转发口），观察丢掉多少个数据包，F0/24 才能从阻塞变为转发状态，PC2 可以重新 Ping 通。重新连接 F0/23，再次观察结果，如图 1-5-4 和图 1-5-5 所示。说明在 RSTP 生成树中，冗余链路的延时比较短，加快了收敛速度，大大提高了网络速度和质量。再次查看和记录 2 台交换机的生成树信息（ShowSpanningTree），分析并判断 2 台交换机的状态与端口。

```
SWA#show spanning-tree
VLAN0001
  Spanning tree enabled protocol rstp
  Root ID    Priority    32769
             Address     0000.0C45.33B8
             Cost        19
             Port        23(FastEthernet0/23)
             Hello Time  2 sec  Max Age 20 sec  Forward Delay 15 sec

  Bridge ID  Priority    32769  (priority 32768 sys-id-ext 1)
             Address     000A.F37E.8044
             Hello Time  2 sec  Max Age 20 sec  Forward Delay 15 sec
             Aging Time  20

Interface        Role Sts Cost      Prio.Nbr Type
---------------- ---- --- --------- -------- --------------------------------
F0/23            Desg FWD 19        128.23   P2p
F0/24            Altn BLK 19        128.24   P2p

VLAN0010
  Spanning tree enabled protocol rstp
  Root ID    Priority    32778
             Address     0000.0C45.33B8
```

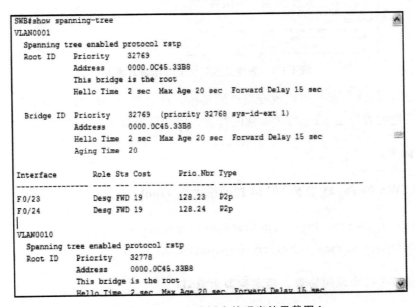

图 1-5-4　RSTP 生成树中的观察结果截图 a

```
SWB#show spanning-tree
VLAN0001
  Spanning tree enabled protocol rstp
  Root ID    Priority    32769
             Address     0000.0C45.33B8
             This bridge is the root
             Hello Time  2 sec  Max Age 20 sec  Forward Delay 15 sec

  Bridge ID  Priority    32769  (priority 32768 sys-id-ext 1)
             Address     0000.0C45.33B8
             Hello Time  2 sec  Max Age 20 sec  Forward Delay 15 sec
             Aging Time  20

Interface        Role Sts Cost      Prio.Nbr Type
---------------- ---- --- --------- -------- --------------------------------
F0/23            Desg FWD 19        128.23   P2p
F0/24            Desg FWD 19        128.24   P2p

VLAN0010
  Spanning tree enabled protocol rstp
  Root ID    Priority    32778
             Address     0000.0C45.33B8
             This bridge is the root
             Hello Time  2 sec  Max Age 20 sec  Forward Delay 15 sec
```

图 1-5-5　RSTP 生成树中的观察结果截图 b

8. 更改交换机的优先级（可以改变根交换机的角色），并验证结果，如图 1-5-6 和

图 1-5-7 所示。

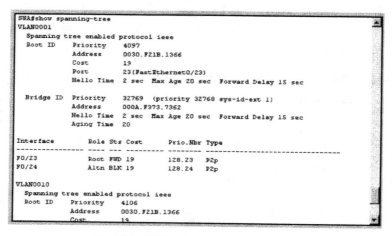

图 1-5-6　更换交换机优先级结果截图 a

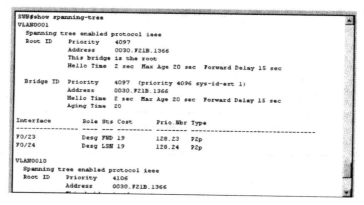

图 1-5-7　更换交换机优先级结果截图 b

9. 更改端口的优先级（可以改变端口的角色，改变端口的状态），并验证结果。
10. 最后把配置以及 ping 的结果截图打包，以"学号姓名"为文件名，提交作业。

【实验命令】

1. 设置 SWA 的 F0/23 口和 F0/24 口的模式为 Trunk

```
SWA（config）#interfacerangefastEthernet0/23-24
SWA（config-if-range）#switchportmodetrunk
```

2. 开启 SWA 的生成树协议，指定类型为 RSTP

```
SWA（config）#spanning-treemoderapid-pvst
```

（锐捷设备中命令是：SWA（config）#spanning-treemodeRSTP）

3. 查看SWA的生成树信息

SWA#showspanning-tree

4. 更改SWB交换机的优先级（取值范围为0～61440的4096倍数，缺省优先级值为32768）

SWB（config）#spanning-treevlan1priority4096

SWB（config）#spanning-treevlan10priority4096

（锐捷设备中命令是：SWB（config）#spanning-treepriority4096）

5. 更改SWA的F0/24口的优先级（取值范围为0～240的16倍数，缺省优先级值为128）

SWA（config）#interfacefastEthernet0/24

SWA（config-if）#spanning-treevlan1port-priority32

（锐捷设备中命令是：SWA（config-if）#spanning-treeport-priority32）

【注意事项】

1. 出现时通时不通的不稳定情况，可以先保证配置，再把交换机重启。

SWA#writememory

SWA#reload，再输入y

2. 二层交换机配置默认网关：SWA（config）#ipdefault-gateway192.168.0.254；三层交换机配置默认网关：SWB（config）#ipdefault-network192.168.0.254，注意两者配置命令的区别。

3. 在更改端口的优先级（可以改变端口的角色，改变端口的状态）并验证结果时，显示信息可能不正确，可以把F0/23与F0/24都断开，再重新连接，就显示正确了。

【配置结果】

1. SWA#showrunning-config

```
Building configuration...
Current configuration:1023 bytes
version 12.1
no service password-encryption
hostname SWA
interface FastEthernet0/1
interface FastEthernet0/2
interface FastEthernet0/3
 switchport access vlan 10
```

```
interface FastEthernet0/4
interface FastEthernet0/5
interface FastEthernet0/6
interface FastEthernet0/7
interface FastEthernet0/8
interface FastEthernet0/9
interface FastEthernet0/10
interface FastEthernet0/11
interface FastEthernet0/12
interface FastEthernet0/13
interface FastEthernet0/14
interface FastEthernet0/15
interface FastEthernet0/16
interface FastEthernet0/17
interface FastEthernet0/18
interface FastEthernet0/19
interface FastEthernet0/20
interface FastEthernet0/21
interface FastEthernet0/22
interface FastEthernet0/23
  switchport mode trunk
interface FastEthernet0/24
  switchport mode trunk
  spanning-tree vlan 1,10 port-priority 16
interface Vlan1
ip address 192.168.0.1 255.255.255.0
ip default-gateway 192.168.0.254
line con 0
line vty 0 4
  login
line vty 5 15
  login
end
```

2. SWB#showrunning-conrig

```
Building configuration...
Current configuration:1197 bytes
version 12.2
no service password-encryption
```

```
hostname SWB
ip ssh version 1
port-channel load-balance src-mac
spanning-tree vlan 1,10 priority 4096
interface FastEthernet0/1
interface FastEthernet0/2
interface FastEthernet0/3
   switchport access vlan 10
interface FastEthernet0/4
interface FastEthernet0/5
interface FastEthernet0/6
interface FastEthernet0/7
interface FastEthernet0/8
interface FastEthernet0/9
interface FastEthernet0/10
interface FastEthernet0/11
interface FastEthernet0/12
interface FastEthernet0/13
interface FastEthernet0/14
interface FastEthernet0/15
interface FastEthernet0/16
interface FastEthernet0/17
interface FastEthernet0/18
interface FastEthernet0/19
interface FastEthernet0/20
interface FastEthernet0/21
interface FastEthernet0/22
interface FastEthernet0/23
   switchport mode trunk
interface FastEthernet0/24
   switchport mode trunk
spanning-tree vlan 1,10 port-priority 16
interface GigabitEthernet0/1
interface GigabitEthernet0/2
interface Vlan1
   ip address 192.168.0.2 255.255.255.0
ip classless
ip route 192.168.0.0 255.255.255.0 192.168.0.254
line con 0
line vty 0 4
   login
end
```

【技术原理】

1. 交换机网络中的冗余链路

在许多交换机或交换机设备组成的网络环境中,通常都使用一些备份连接,以提高网络的健全性、稳定性。备份连接也叫备份链路、冗余链路等。

使用冗余备份能够使网络具有健全性、稳定性和可靠性等好处,但是备份链路使网络存在环路,这是备份链路所面临的最为严重的问题之一。它会带来如下问题:

(1) 广播风暴。

(2) 同一帧的多份复制。

(3) 不稳定的 MAC 地址表。

因此,在交换网络中必须有一个机制来阻止回路,于是有了生成树协议(SpanningTreeProtocol,STP)。

2. 生成树协议

生成树协议定义在 IEEE802.1D 中,是一种桥到桥的链路管理协议,它在防止产生自循环的基础上提供路径冗余。为使以太网更好地工作,两个工作站之间只能有一条活动路径。网络环路的发生有多种原因,最常见的一种是故意生成的冗余,万一一个链路或交换机失败,会有另一个链路或交换机替代。

所以,STP 的主要思想就是当网络中存在备份链路时,只允许主链路激活,如果主链路因故障而被断开,备用链路才会被打开。STP 的主要作用:避免回路,冗余备份。

3. 生成树协议的工作原理

生成树协议的国际标准是 IEEE802.1D,运行生成树算法的网桥/交换机在规定的间隔内通过网桥协议数据单元(BPDU)的组播帧与其他交换机交换配置信息,其工作的过程如下:

(1) 通过比较网桥/交换机优先级选取根网桥/交换机(给定广播域内只有一个根网桥/交换机)。

(2) 其余的非根网桥/交换机只有一个通向根网桥/交换机的端口,称为根端口。

(3) 每个网段只有一个转发端口。

(4) 根网桥/交换机所有的连接端口均为转发端口。

4. 生成树端口有四种状态

(1) 阻塞:所有端口以阻塞状态启动以防止回路,由生成树确定哪个端口切换为转发状态,处于阻塞状态的端口不转发数据帧,但可接受 BPDU。

(2) 侦听:能收 BPDU 报文,能发送 BPDU 报文,也不能学习 MAC 地址。

(3) 学习:能接收发送 BPD 报文,也能学习 MAC 地址,但不能发送数据帧。

(4) 转发：开始正常接收和发送数据帧。

一般从阻塞到侦听需要 20 秒，从侦听到学习需要 15 秒，从学习到转发需要 15 秒。生成树经过一段时间（默认值是 50 秒左右）稳定之后，所有端口要么进入转发状态，要么进入阻塞状态。STPBPDU 仍然会定时从各个网桥的指定端口发出，以维护链路的状态。如果网络拓扑发生变化，生成树就会重新计算，端口状态也会随之改变。

5. RSTP

为了解决 STP 收敛时间长这个缺陷，在 21 世纪之初，IEEE 推出了 802.1W 标准，作为对 802.1D 标准的补充。在 IEEE802.1W 标准里定义了快速生成树协议 RSTP（RapidSpanningTreeProtocol）。RSTP 在 STP 基础上做了三点重要改进，使得收敛速度比以前快得多（最快 1 秒以内）。

第一点改进：为根端口和指定端口设置了快速切换用的替换端口（AlternatePort）和备份端口（BackupPort）两种角色，在根端口/指定端口失效的情况下，替换端口/备份端口就会无时延地进入转发状态。

第二点改进：在只连接了两个交换端口的点对点链路中，指定端口只需与下游网桥进行一次握手就可以无时延地进入转发状态。如果是连接了三个以上网桥的共享链路，下游网桥是不会响应上游指定端口发出的握手请求的，只能等待两倍 ForwardDelay 时间进入转发状态。

第三点改进：直接与终端相连而不是把其他网桥相连的端口定义为边缘端口（EdgePort）。边缘端口可以直接进入转发状态，不需要任何延时。由于网桥无法知道端口是否是直接与终端相连，因此需要人工配置。

任务 6　生成树配置二（VLAN 上开启 RSTP）

【学习情境】

公司的网络很多都是在 VLAN 的隔离之中，要实现冗余链路的备份，需要在 VLAN 上开启快速生成树。

【学习目的】

1. 掌握在 VLAN 上启用生成树的方法。
2. 掌握配置根网桥的方法。
3. 掌握生成树的多种测试技巧和方法。

【相关设备】

三层交换机 1 台、二层交换机 1 台、PC2 台、直连线 2 根、交叉线 2 根。

【实验拓扑】

拓扑如图 1-6-1 所示。

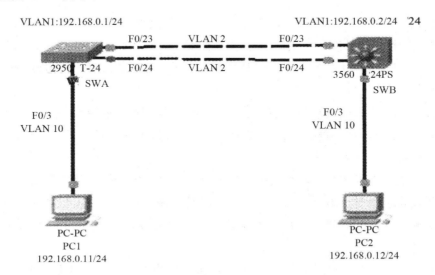

图 1-6-1 实验拓扑搭建示意图

【实验任务】

1. 1 台三层交换机 3560（SWA）与 1 台二层交换机 2950（SWB），用两根交叉线连接 F0/23 和 F0/24 口。分别再连接一台 PC（都是 F0/3 口）。

2. 基本 IP 地址配置如图 1-6-1 所示。SWA 的 VLANI 地址：192.168.0.1/24，SWB 的 VLAN1 地址：192.168.0.2/24，PC1 的地址：192.168.0.11/24，PC2 的地址：192.168.0.12/24，4 台设备的默认网关都是 192.168.0.254。测试 4 台设备的互通性（应该是全通）。

3. 在 SWA 和 SWB 上分别建立 VLAN2 和 VLAN10，并把 F0/3 口都加入 VLAN10，把 F0/23 口和 F0/24 口加入 VLAN2。再测试 4 台设备的互通性（应该都不通，因为跨交换机之间的 Trunk 模式未设置）。

4. 分别设置 SWA 和 SWB 的 F0/23 口和 F0/24 口的模式为 Trunk。再测试 4 台设备的互通性（应该是 SWA 和 SWB 互通，PC1 和 PC2 互通，其他不通）。

5. 在 PC1 上对 PC2 一直进行 Ping（命令 ping-t192.168.0.12），观察实验中的丢包和连接情况。此时断开 F0/23 口（即数据转发口），观察丢掉多少个数据包，F0/24 才能从阻塞变为转发状态，PC2 可以重新 Ping 通。重新连接 F0/23，再次观察结果。说明在默认的 STP 生成树中，冗余链路的延时比较长。

6. 找出 SWA 和 SWB 哪个是根交换机。找出 F0/23 口和 F0/24 口哪个是转发状态，哪个是根端口，哪个是备份端口，哪些是指定端口。

7. 在 SWA 和 SWB 的 VLAN2 上启用生成树协议，指定类型为 RSTP。再次断开 F0/23 口（即数据转发口），观察丢掉多少个数据包，F0/24 才能从阻塞变为转发状态，PC2 可以重新 Ping 通。重新连接 F0/23，再次观察结果。说明在 RSTP 生成树中收敛速度比较快。

8. 手动设置根交换机的角色，用两种方法：(1) 直接定义，设置 SWB 为根交换机，SWA 为备份根交换机；(2) 更改 SWB 交换机优先级为 8192。

9. 改变根端口的角色，用两种方法：(1) 修改 SWA 中的 F0/24 端口优先级为 64；(2) 修改 SWA 中的 F0/24 端口成本为 19，F0/23 端口成本为 100（模拟器上不能实现）。

10. 在根交换机上修改 HELLO 时间为 1 秒；修改转发延迟时间为 10 秒；修改最大老化时间为 15 秒（模拟器上不能实现）。

11. 在二层交换机上配置快速端口和上行端口两种功能，以加快转发状态的收敛速度（模拟器上不能实现）。

【实验命令】

1. 在 VLAN 上启用生成树

spanning-treeVLAN2

2. 设置根网桥

(1) 直接定义根交换机（如把 SWA 设置为根交换机）：

SWA（config）#spanning-treeVLAN2rootprimary

(2) 通过修改优先级定义根交换机（如把 SWA 设置为根交换机）：

SWA（config）#spanning-treeVLAN2priority24768（4096 的倍数，值越小，优先级越高，默认为 32768）

3. 设置根端口

(1) 可通过修改端口成本设置：

SWA（config）#spanning-treeVLAN2cost * * *（100m 为 19，10m 为 100，值越小，路径越优先）

(2) 可修改端口优先级：

SWA（config-if）#spanning-treeVLAN2port-priority * * *（0-240，默认为 128）

4. 修改计时器（可选）

（1）修改 HELLO 时间：

spanning-treeVLAN2hello-time＊＊（1～10 秒，默认为 2 秒）

（2）修改转发延迟时间：

spanning-treeVLAN2forward-time＊＊＊（4～30 秒，默认为 15 秒）

（3）修改最大老化时间：

spanning-treeVLAN2max-age＊＊＊（6～40，默认为 20 秒）

5. 配置快速端口

spanning-treeportfast。这个是 PVST 的加快收敛速度三大特性之一，它的作用是，当你插入一个设备到一个没有启用的端口时，那么这个端口马上进入转发状态。

6. 配置上行端口

spanning-treeuplinkfast。这个是 PVST 的加快收敛速度三大特性之一，它的作用是本地端口快速切换为转发状态，一般给接入层交换机配置。注意：千万不要给核心或汇聚层配置。

7. 检查命令

（1）检查生成树：

showspanning-treesummary

（2）检查 HELLO 时间、转发延迟、最大老化时间：

showspanning-treeVLAN2

（3）检查根网桥：

showspannint-treeVLAN2detail

（4）检查端口：

showspanninn-treeinterfacef0/2detail

【技术原理】

1. 生成树协议的发展过程划分成三代

第一代生成树协议：STP/RSTP。

第二代生成树协议：PVST/PVST＋。

第三代生成树协议：MISTP/MSTP。

STP/RSTP 是基于端口的，PVST/PVST＋是基于 VLAN 的，而 MISTP/MSTP 就是基于实例的。所谓实例就是多个 VLAN 的一个集合，通过多个 VLAN 捆绑到一个实例中去的方法可以节省通信开销和资源占用率。

2. 形成一个生成树必须要决定的要素

（1）首先依据网桥 ID（由优先级和 MAC 地址两部分组成）确定根网桥（根交换机）。

（2）确定根端口，指定端口和备份端口（由路径成本，网桥 ID，端口优先级，端口 ID 来确定）。

3. 生成树协议端口的状态

如图 1-6-2 所示生成树协议端口的状态。

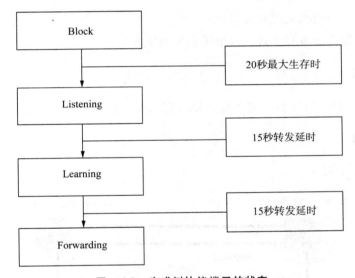

图 1-6-2　生成树协议端口的状态

生成树经过一段时间（默认值是 50 秒左右）稳定之后，所有端口要么进入转发状态，要么进入阻塞状态。

4. 端口角色和端口状态

（1）Rootport：具有到根交换机的最短路径的端口。

（2）Designatedport：每个 LAN 通过该口连接到根交换机。

（3）Alternateport：根端口的替换口，一旦根端口失效，该口就立刻变为根端口。

（4）Backupport：Designatedport 的备份口，当一个交换机有两个端口都连接在一个 LAN 上，那么高优先级的端口为 Designatedport，低优先级的端口为 Backupport。

（5）Undesignatedport：当前不处于活动状态的口，即 OperStace 为 down 的端口都被分配了这个角色。

任务 7　端口聚合

【学习情境】

企业在某 2 台交换机之间可能数据量非常大，要加大两者之间的带宽，并实现链路的冗余备份，需要在相应的端口上进行 2 个或者多个端口的聚合。

【学习目的】

1. 理解端口聚合的工作原理。
2. 掌握如何在交换机上配置端口聚合。
3. 掌握端口聚合的多种方式、流量平衡和测试方法。

【相关设备】

三层交换机 2 台、PC2 台、直连线 2 根、交叉线 4 根。

【实验拓扑】

拓扑如图 1-7-1 所示。

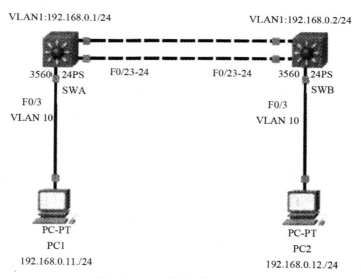

图 1-7-1　实验拓扑搭建示意图

【实验任务】

1. 2 台三层交换机用 2 根交叉线连接 F0/23 和 F0/24 口。分别再连接一台 PC（都是 F0/3 口）。

2. 基本 IP 地址配置如图 1-7-1 所示。SWA 的 VLAN1 地址：192.168.0.1/24；SWB 的 VLAN1 地址：192.168.0.2/24；PC1 的地址：192.168.0.11/24；PC2 的地址：192.168.0.12/24；4 台设备的默认网关都是 192.168.0.254。测试 4 台设备的互通性（应该是全通）。

3. 在 SWA 和 SWB 上分别建立 VLAN10，并把 F0/3 口都加入。再测试 4 台设备的互通性（应该是 SWA 和 SWB 互通，其他都不通，因为跨交换机之间的 Trunk 模式未设置）。

4. 在 SWA 和 SWB 上分别创建聚合端口 1，设置模式为 Trunk。并把 F0/23 口和 F0/24 口加入。再测试 4 台设备的互通性（应该是 SWA 和 SWB 互通，PC1 和 PC2 互通，其他不通）。查看聚合端口的情况，如图 1-7-2 所示。

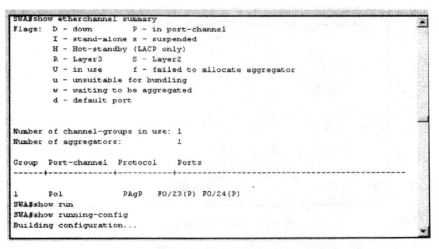

图 1-7-2　Trunk 模式下聚合端口情况截图

5. 设置聚合端口的负载平衡为 dst-mac 方式。

6. 在 SWA 和 SWB 上分别创建聚合端口 2，并把 F0/21 口和 F0/22 口加入，设置模式为 Trunk。分析聚合端口的情况，如图 1-7-3 所示。

7. 2 台三层交换机再用 2 根交叉线连接 F0/21 和 F0/22 口。再次查看聚合端口的情况和生成树情况，如图 1-7-4、图 1-7-5 所示。

8. 最后把配置以及 ping 的结果截图打包，以"学号姓名"为文件名，提交作业。

图 1-7-3　聚合端口情况拓扑示意图

```
SWA#show etherchannel summary
Flags:  D - down        P - in port-channel
        I - stand-alone s - suspended
        H - Hot-standby (LACP only)
        R - Layer3      S - Layer2
        U - in use      f - failed to allocate aggregator
        u - unsuitable for bundling
        w - waiting to be aggregated
        d - default port


Number of channel-groups in use: 2
Number of aggregators:           2

Group  Port-channel  Protocol    Ports
------+-------------+-----------+----------------------------------------------

1      Po1            PAgP   F0/23(P) F0/24(P)
2      Po2            PAgP   F0/21(P) F0/22(P)
SWA#
SWA#
SWA#
```

图 1-7-4　聚合端口情况截图

```
SWA#show spanning-tree
VLAN0001
  Spanning tree enabled protocol ieee
  Root ID    Priority    32769
             Address     0002.1684.A74E
             Cost        19
             Port        27(Port-channel 1)
             Hello Time  2 sec  Max Age 20 sec  Forward Delay 15 sec

  Bridge ID  Priority    32769  (priority 32768 sys-id-ext 1)
             Address     0030.A32D.8341
             Hello Time  2 sec  Max Age 20 sec  Forward Delay 15 sec
             Aging Time  20

Interface        Role Sts Cost      Prio.Nbr Type
---------------- ---- --- --------- -------- --------------------------------
Po1              Root LSN 19        128.27   Shr
F0/21            Desg FWD 19        128.21   P2p
F0/22            Desg FWD 19        128.22   P2p
F0/23            Desg FWD 19        128.23   P2p
F0/24            Desg FWD 19        128.24   P2p
Po2              Altn BLK 19        128.28   Shr
```

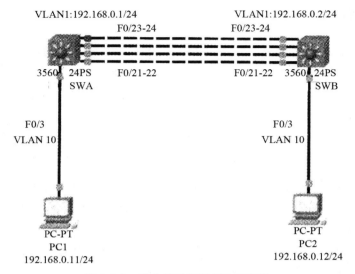

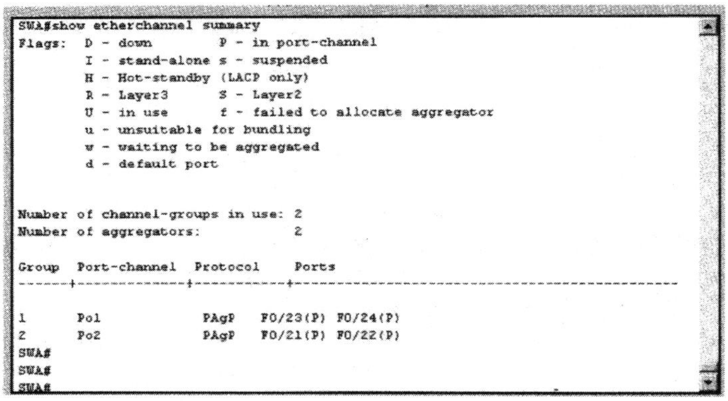

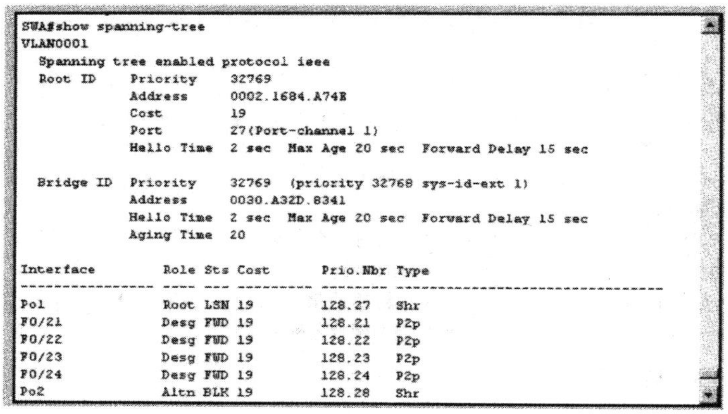

图 1-7-5　生成树情况截图

【实验命令】

1. 思科端口聚合配置（只是增加带宽，不会起到备份作用）

（1）创建聚合端口，并设置为 Trunk 模式：

SWA（config）#interface port-channel 1

SWA（config-if）#switchport mode trunk

SWA（config-if）#exit

（2）以手动方式把端口加入聚合端口中：

SWA（config）#interface range FastEthernet 0/23-24

SWA（config-if）#channel-group 1 mode on

SWA（config-if）#exit

（3）设置聚合端口的负载平衡：

SWA（config）#port-channel load-balance dst-mac

（4）查看聚合端口：

SWA#show etherchannel summary

2. 锐捷端口聚合配置：（既增加带宽，又起到备用作用）最多支持 8 个物理端口聚合，最多支持 6 组

（1）创建聚合端口，并设置为 Trunk 模式：

SWA（config）#interface aggregateport 1

SWA（config-if）#switchport mode trunk

SWA（config-if）#exit

（2）以手动方式把端口加入聚合端口中：

SWA（config）#interface range FastEthernet 0/23-24

SWA（config-if-range）#port-group 1

SWA（config-if-range）#exit

（3）设置聚合端口的负载平衡：

SWA（config）#aggregateport load-balance dst-mac

（4）查看聚合端口：

SWA#showaggregateport1summary

【注意事项】

1. 如果两个交换机之间的连线指灯不正确，或出现时通时不通的不稳定情况，可以先保证配置，把两个交换机的连线拔掉再重新连接。

2. 创建聚合时要观察两个交换机可创建的最大聚合数，用 SWA（config）#interfaceport-channel？命令进行查看，以保证所建的聚合名称一致。

【配置结果】

SWA#showrunning-config：

```
Building configuration...
Current configuration:1271 bytes
version 12.2
no service password-encryption
hostname SWA
ip ssh version 1
port-channel load-balance dst-mac

interface FastEthernet0/1
interface FastEthernet0/2
interface FastEthernet0/3
   switchport access vlan 10
interface FastEthernet0/4
interface FastEthernet0/5
interface FastEthernet0/6
interface FastEthernet0/7
interface FastEthernet0/8
interface FastEthernet0/9
interface FastEthernet0/10
interface FastEthernet0/11
interface FastEthernet0/12
interface FastEthernet0/13
interface FastEthernet0/14
interface FastEthernet0/15
interface FastEthernet0/16
interface FastEthernet0/17
interface FastEthernet0/18
interface FastEthernet0/19
interface FastEthernet0/20
interface FastEthernet0/21
   channel-group 2 mode on
interface FastEthernet0/22
   channel-group 2 mode on
interface FastEthernet0/23
channel-group 1 mode on
interface FastEthernet0/24
   channel-group 1 mode on
interface GigabitEthernet0/1
interface GigabitEthernet0/2
interface Port-channel 1
   switchport mode trunk
interface Port-channel 2
switchport mode trunk
interface Vlan1
ip address 192.168.0.1 255.255.255.0
line con 0
```

```
line vty 0 4
  login
end
```

【技术原理】

1. 端口聚合

将交换机上的多个端口在物理上连接起来,在逻辑上捆绑在一起,形成一个拥有较大宽带的端口,形成一条干路,可以实现均衡负载,并提供冗余链路。

802.3AD 标准定义了如何将两个以上的以太网链路组合起来为高带宽网络连接实现负载共享、负载平衡以及提供更好的弹性。

802.3AD 的主要优点:链路聚合技术[也称端口聚合(AP)]帮助用户减少带宽瓶颈的压力。链路聚合标准在点到点链路上提供了固有的、自动的冗余性。

配置 Aggregateport 的注意事项:
(1) 组端口的速度必须一致;
(2) 组端口必须属于同一个 VLAN;
(3) 组端口使用的传输介质相同;
(4) 组端口必须属于同一层次,并与 AP 也要在同一层次。

2. 端口的聚合有两种方式:一种是手动的方式;一种是自动协商的方式

(1) 手动方式:

这种方式很简单,设置端口成员链路两端的模式为"on"。命令格式为:channel-group<number 组号>modeon。

(2) 自动方式:

自动方式有两种协议:PAgP(PortAggregationProtocol)和 LACP(LinkAggregationControlProtocol)。

PAgP:Cisco 设备的端口聚合协议,有 Auto 和 Desirable 两种模式。Auto 模式在协商中只收不发,Desirable 模式的端口收发协商的数据包。

LACP:标准的端口聚合协议 802.3AD,有 Active 和 Passive 两种模式。Active 相当于 PAgP 的 Auto,而 Passive 相当于 PAgP 的 Desirable。

3. 配置 port-channel 的流量平衡说明

port-channelload-balance {dst-mac | src-mac | ip}

设置 AP 的流量平衡,选择使用的算法:

dst-mac:根据输入报文的目的 MAC 地址进行流量分配。在 AP 各链路中,目的 MAC 地址相同的报文被送到相同的接口,目的 MAC 不同的报文分配到不同的接口。

src-mac:根据输入报文的源 MAC 地址进行流量分配。在 AP 各链路中,来自不同地址的报文分配到不同的接口,来自相同地址的报文使用相同的接口。

ip:根据源 IP 与目的 IP 进行流量分配。不同的源 IP-目的 IP 对的流量通过不同的端口转发,同一源 IP-目的 IP 对通过相同的链路转发,其他的源 IP-目的 IP 对通过其他的链路转发。

任务 8　交换机端口安全

【学习情境】

假设你是某公司的网络管理员，公司要求对网络进行严格控制，为了防止公司内部用户的 IP 地址冲突、网络攻击和破坏行为。要对每位员工的 IP 地址进行固定，并进行 MAC 和 IP 地址的绑定，防止其他主机的随意连接。

【学习目的】

1. 掌握交换安全功能的开启与配置方法。
2. 掌握控制用户进行安全接入的技巧。

【相关设备】

二层交换机 1 台、PC3 台、直连线 3 根、交叉线 1 根。

【实验拓扑】

拓扑如图 1-8-1 所示。

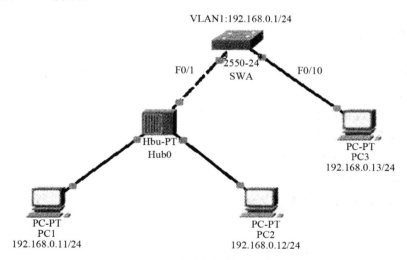

图 1-8-1　实验拓扑搭建示意图

【实验任务】

1. 1 台二层交换机 SWA 用 1 根交叉线（F0/1 口）连接 1 台 Hub，Hub 再连接 PC1、PC2；SWA 用 1 根直连线连接 PC3（F0/10 口）。

2. 基本 IP 地址配置如图 1-8-1 所示。SWA 的 VLAN1 地址：192.168.0.1/24；PC1 的地址：192.168.0.11/24；PC2 的地址：192.168.0.12/24；PC3 的地址：192.168.0.13/24；4 台设备的默认网关都是 192.168.0.254。测试 4 台设备的互通性（应该是全通）。

3. 对 F0/1-F0/10 口开启交换机端口的安全功能。配置最大连接数为 2，配置安全违例的处理方式为 shutdown。查看交换机端口的安全配置。

4. 查看 PC1 的 MAC 地址信息，把这个 MAC 绑定到 F0/1 口上，查看端口的地址绑定情况。

5. 测试绑定的效果，PC1 可以 ping 通交换机，PC2 不可以 Ping 通交换机。说明：本试验在模拟器中没效果，在真实设备中才能测试出效果。

【实验命令】

1. 对 F0/1-F0/10 口开启交换机端口的安全功能

SWA（config-if-range）#switchportport-security

2. 配置最大连接数为 1

SWA（config-if-range）#switchportport-securitymaximum2

3. 配置安全违例的处理方式为 shutdown

SWA（config-if-range）#switchportport-securityviolationshutdown

4. 查看交换机 F0/1 口的安全配置

SWA#showport-securityinterfacefastEthernet0/1

5. 对 F0/1 口进行端口的 MAC 绑定

SWA（config-if）#switchportportsecurity ac-address00D0.BA83.2D93

6. 查看端口安全与地址绑定

SWA#showport-security
SWA#showport-securityaddress

【注意事项】

1. 交换机端口安全功能只能在 Access 接口中进行配置。
2. 交换机最大连接数范围是 1~128，默认是 128。
3. 在锐捷设备中，可以针对 IP 地址，MAC 地址、IP+MAC 地址进行 3 种绑定方式。命令如下：

(1) 对 F0/1 口进行端口的 MAC 绑定：

SWA（config-if）#switchportport-securitymac-address00D0.BA83.2D93

(2) 对 F0/1 口进行端口的 lP 绑定：

SWA（config-if）#switchportport-securityip-address192.168.0.11

(3) 对 F0/1 口进行端口的 IP+MAC 绑定：

SWA（config-if）# switchportport-securitymac-address00D0.BA83.2D93ip-address192.168.0.11

4. 在锐捷设备中，默认的违例处理方式是 protect。当端口因为违例而被关闭后，可以使用命令 errdisablerecovery 来将接口从错误状态中恢复过来，注意此命令是在全局模式下运行。

5. 在锐捷设备中，最好在三层交换机上做此实验，因为二层设备有 bug，对地址绑定部分的实验经常会出错。

【配置结果】

SWA#showrunning-config：

```
Building configuration...
Current configuration:1321 bytes
version 12.1
no service password - encryption
hostname SWA
interface FastEthernet0/1
  switchport port - security maximum 2
  switchport port - security mac - address 00D0.BA83.2D93
interface FastEthernet0/2
  switchport port - security maximum 2
interface FastEthernet0/3
  switchport port - security maximum 2
interface FastEthernet0/4
  switchport port - security maximum 2
interface FastEthernet0/5
  switchport port - security maximum 2
interface FastEthernet0/6
  switchport port - security maximum 2
interface FastEthernet0/7
  switchport port - security maximum 2
interface FastEthernet0/8
  switchport port - security maximum 2
interface FastEthernet0/9
  switchport port - security maximum 2
interface FastEthernet0/10
  switchport port - security maximum 2
interface FastEthernet0/11
interface FastEthernet0/12
interface FastEthernet0/13
interface FastEthernet0/14
interface FastEthernet0/15
interface FastEthernet0/16
interface FastEthernet0/17
interface FastEthernet0/18
interface FastEthernet0/19
interface FastEthernet0/20
interface FastEthernet0/21
interface FastEthernet0/22
```

```
interface FastEthernet0/23
interface FastEthernet0/24
interface Vlan1
   ip address 192.168.0.1 255.255.255.0
ip default-gateway 192.168.0.254
line con 0
line vty 0 4
   login
line vty 5 15
   login
end
```

【技术原理】

1. MAC 地址与端口绑定和根据 MAC 地址允许流量的配置

（1）MAC 地址与端口绑定。

当发现主机的 MAC 地址与交换机上指定的 MAC 地址不同时，交换机相应的端口将 Down 掉。当给端口指定 MAC 地址时，端口模式必须为 Access 或者 Trunk 状态。

3550（config-if）#switchportmodeaccess//指定端口模式。

3550（config-if）# switchportport-securitymac-address00-90-F5-10-79-C1//配置 MAC 地址。

3550（config-if）#switchportport-securitymaximum1//限制此端口允许通过的 MAC 地址数为 1。

3550（config-if）#switchportport-securityviolationshutdown//当发现与上述配置不符时，端口 down 掉。

（2）通过 MAC 地址来限制端口流量。

此配置允许一 Trunk 口最多通过 100 个 MAC 地址，超过 100 时，来自新的主机的数据帧将丢失。

3550（config-if）#switchporttrunkencapsulationdot1q

3550（config-if）#switchportmodetrunk//配置端口模式为 Trunk。

3550（config-if）#switchportport-securitymaximum100//允许此端口通过的最大 MAC 地址数目为 100。

3550（config-if）#switchportport-securityviolationprotect//当主机 MAC 地址数目超过 100 时，交换机继续工作，但来自新的主机的数据帧将丢失。

2. 根据 MAC 地址来拒绝流量

上面的配置根据 MAC 地址来允许流量，下面的配置则是根据 MAC 地址来拒绝流量。此配置在 Catalyst 交换机中只能对单播流量进行过滤，对于多播流量则无效。

3550（config）# mac-address-tablestatic00-90-F5-10-79-C1vlan2drop//在相应的Vlan丢弃流量。

3550（config）# mac-address-tablestatic00-90-F5-10-79-C1vlan2intf0/1//在相应的接口丢弃流量。

3. 理解端口安全

当你给一个端口配置了最大安全 MAC 地址数量，安全地址是以以下方式包括在一个地址表中的：

（1）你可以配置所有的 MAC 地址使用 switchportport-securitymac-address<mac 地址>这个接口命令。

（2）你也可以允许动态配置安全 MAC 地址，使用已连接的设备的 MAC 地址。

（3）你可以配置一个地址的数目且允许保持动态配置。

注意：如果这个端口 shutdown 了，所有的动态学的 MAC 地址都会被移除。一旦达到配置的最大的 MAC 地址的数量，地址就会被存在一个地址表中。设置最大 MAC 地址数量为 1，并且配置连接到设备的地址，确保这个设备独占这个端口的带宽。

4. 端口安全规则

当以下情况发生时就是一个安全违规：

（1）最大安全数目 MAC 地址表外的一个 MAC 地址试图访问这个端口。

（2）一个 MAC 地址被配置为其他的接口的安全 MAC 地址的站点试图访问这个端口。

5. 配置接口的三种违规模式

你可以配置接口的三种违规模式，这三种模式基于违规发生后的动作：

（1）protect：当 MAC 地址的数量达到这个端口所最大允许的数量，带有未知的源地址的包就会被丢弃，直到删除了足够数量的 MAC 地址，降到端口允许的最大数值以内才不会被丢弃。

（2）restrict：一个限制数据合并引起"安全违规"计数器的增加的端口安全违规动作。

（3）shutdown：一个导致接口马上 shutdown，并且发送 SNMP 陷阱的端口安全违规动作。

当一个安全端口处在 error-disable 状态，你要恢复正常必须得敲入全局下的 errdisablerecoverycausepsecure-violatinn 命令，或者你可以手动 shut 再 noshut 端口。这个是端口安全违规的默认动作。

6. 默认的端口安全配置

（1）port-security 默认设置：关闭的。

（2）最大安全 MAC 地址数目默认设置：1。

（3）违规模式默认配置：shutdown，这端口在达到最大安全 MAC 地址数量时会 shutdown，并发 SNMP 陷阱。

7. 配置端口安全的向导

（1）安全端口不能在动态的 Access 口或者 Trunk 口上做，换言之，敲 port-secure 之前先配置该端口的模式为 access。

（2）安全端口不能是一个被保护的口。

（3）安全端口不能是 SPAN 的目的地址。

（4）安全端口不能属于 CEC 或 FEC 的组。

（5）安全端口不能属于 802.1X 端口。如果你在安全端口试图开启 802.1X，就会有报错信息，而且 802.1X 也关了。如果你试图改变，开启了 802.1X 的端口为安全端口，错误信息就会出现，但安全性设置不会改变。

8. 802.1X 的相关概念和配置

802.1X 身份验证协议最初使用于无线网络，后来才在普通交换机和路由器等网络设备上使用。它可基于端口来对用户身份进行认证，即当用户的数据流量企图通过配置过 802.1X 协议的端口时，必须进行身份的验证，合法则允许其访问网络。这样做的好处就是可以对内网的用户进行认证，并且简化配置，在一定的程度上可以取代 Windows 的 AD。

配置 802.1X 身份验证协议，首先得全局启用 AAA 认证，这个和在网络边界上使用 AAA 认证没有太多的区别，只不过认证的协议是 802.1X；其次则需要在相应的接口上启用 802.1X 身份验证。（建议在所有的端口上启用 802.1X 身份验证，并且使用 radius 服务器来管理用户名和密码）

9. 配置 AAA 认证所使用的为本地的用户名和密码

3550（config）#aaanew-model //启用 AAA 认证。

3550（config）#aaaauthenticationdot1xdefaultlocal//全局启用 802.1X 协议认证，并使用本地用户名与密码。

3550（config）#intrangef0/1-24

3550（config-if-range）#dot1xport-controlauto//在所有的接口上启用 802.ix 身份验证。

10. 交换机端口安全总结

通过 MAC 地址来控制网络的流量既可以通过上面的配置来实现，也可以通过访问控制列表来实现。

虽然通过 MAC 地址绑定在一定程度上可保证内网安全，但效果并不是很好，建议使用 802.1X 身份验证协议。在可控性、可管理性上 802.1X 都是不错的选择。

练习题

1. 交换机的管理有几种方式？
2. 重启锐捷交换机的命令是什么？
3. 查看交换机保存在 Flash 中的配置信息，使用什么命令？
4. 如果管理员需要对接入层交换机进行远程管理，可以在交换机的哪一个接口上配置管理地址？
5. 工程师将一台百兆交换机配置为生成树的根，并将 cost 计算方法设置为短整型。配置完成后，通过 ShowSpanningTree 查看生成树信息，会看到接口的根路径成本值是多少？
6. 生成树协议的 BPDU 的默认 HelloTime 是多少？

项目二　交换机的复杂功能

任务 1　三层交换机的路由功能一（端口路由）

任务 2　三层交换机的路由功能二（SVI 路由）

任务 3　交换机综合实验网络规划与配置

任务 1　三层交换机的路由功能一（端口路由）

【学习情境】

假如你是公司的网络设计和规划人员，在有限的资金和不同的功能需求下，要做到合理配置二层交换机、三层交换机。既要保证网络的速度又要节约成本，实现利益的最大化。

【学习目的】

1. 对比二层交换机与三层交换机之间的区别，了解三层交换机的路由功能。
2. 掌握开启"三层路由"功能和开启"端口路由"功能的区别和作用。

【相关设备】

二层交换机 1 台、三层交换机 1 台、PC 4 台、直连线 4 根。

【实验拓扑】

拓扑如图 2-1-1 所示。

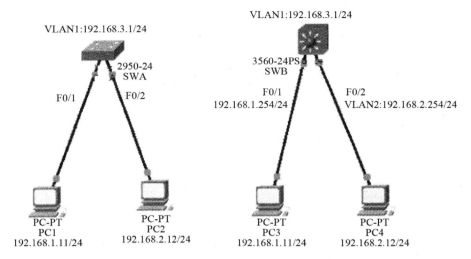

图 2-1-1　实验拓扑搭建示意图

【实验任务】

1. 如图 2-1-1 所示，搭建一个二层交换机与一个三层交换机的拓扑进行对比实验，来验证二层与三层的区别以及三层交换机的路由功能。

2. 先配置设备的基本 IP 和管理 IP，并测试 PC1 与 PC2 的互通情况；测试 PC3 与 PC4 的互通情况。应该是都不通，因为都是两个不同网段，没有路由。

3. 在三层交换机 SWB 上开启"三层路由"功能。

4. 在三层交换机 SWB 的 F0/1 口上开启"端口路由"，并配置地址：192.168.1.254/24。查看路由表情况。

5. 在三层交换机 SWB 上建立 VLAN2，把 F0/2 口加入。对 VLAN2 配置地址：192.168.2.254/24。查看路由表情况。

6. 比较上面两种在三层交换机上建立 IP 的方法。测试 PC3 与 PC4 的互通情况。此时应该已经可以互通（如果不通，查看两台 PC 的网关是否设置），因为在三层交换机上已经形成了三个网段的直连路由。

7. 在二层交换机上做同样的操作。发现什么情况？应该是不能开启"端口路由"，也不能配置地址（没有命令），当然也不能形成路由。所以 PC1 与 PC2 始终不能 ping 通。

【实验命令】

1. 开启"三层路由"功能

SWA（config）#iprouting

2. 开启 F0/23 的"端口路由"并配置地址

SWA（config）#interfaceFastEthernet0/23

SWA（config-if）#noswitchport

SWA（config-if）#ipaddress 192.168.1.254 255.255.255.0

SWA（config-if）#noshutdown

3. 查看三层交换机的路由情况

SWA#showipr

【配置结果】

1. SWB#showiproute

```
Codes:C - connected,S - static,I - IGRP,R - RIP,M - mobile,B - BGP
      D - EIGRP,EX - EIGRP external,O - OSPF,IA - OSPF inter area
      N1 - OSPF NSSA external type 1,N2 - OSPF NSSA external type 2
      E1 - OSPF external type 1,E2 - OSPF external type 2,E - EGP
      i - IS - IS,L1 - IS - IS level -1,L2 - IS - IS level -2,ia - IS - IS in-
ter area
      * - candidate default,U - per - user static route,o - ODR
      P - periodic downloaded static route
Gateway of last resort is not set

C  192.168.1.0 /24 is directly connected,FastEthernet0 /1
C  192.168.2.0 /24 is directly connected,Vlan2
C  192.168.3.0 /24 is directly connected,Vlan1
```

2. SWB#showrunning-config

```
Building configuration...
Current configuration:1171 bytes
version 12.2
no service password - encryption
hostname SWB
ip routing
ip ssh version 1
port - channel load - balance src - mac
interface FastEthernet0/1
 no switchport
 ip address 192.168.1.254 255.255.255.0
 duplex auto
 speed auto
interface FastEthernet0/2
 switchport access vlan 2
interface FastEthernet0/3
interface FastEthernet0/4
interface FastEthernet0/5
interface FastEthernet0/6
interface FastEthernet0/7
interface FastEthernet0/8
interface FastEthernet0/9
interface FastEthernet0/10
interface FastEthernet0/11
interface FastEthernet0/12
interface FastEthernet0/13
interface FastEthernet0/14
interface FastEthernet0/15
interface FastEthernet0/16
interface FastEthernet0/17
interface FastEthernet0/18
interface FastEthernet0/19
```

```
interface FastEthernet0/20
interface FastEthernet0/21
interface FastEthernet0/22
interface FastEthernet0/23
interface FastEthernet0/24
interface GigabitEthernet0/1
interface GigabitEthernet0/2
interface Vlan1
 ip address 192.168.3.1 255.255.255.0
interface Vlan2
 ip address 192.168.2.254 255.255.255.0
ip classless
line con 0
line vty 0 4
 login
end
```

【技术原理】

三层交换机与路由器的主要区别：之所以有人搞不清三层交换机和路由器之间的区别，最根本的原因就是三层交换机也具有"路由"功能，且与传统路由器的路由功能总体上是一致的。虽然如此，三层交换机与路由器还是存在着相当大的本质区别的。

1. 主要功能不同

虽然三层交换机与路由器都具有路由功能，但我们不能因此而把它们等同起来，正如现在许多网络设备同时具备多种传统网络设备功能一样，现在有许多宽带路由器不仅具有路由功能，还提供了交换机端口、硬件防火墙功能，但不能把它与交换机或者防火墙等同起来一样。因为这些路由器的主要功能还是路由功能，其他功能只不过是其附加功能，其目的是使设备适用面更广，使其更加实用。这里的三层交换机也一样，它仍是交换机产品，只不过它是具备了一些基本的路由功能的交换机，它的主要功能仍是数据交换。也就是说它同时具备了数据交换和路由转发两种功能，但其主要功能还是数据交换；而路由器仅具有路由转发这一种主要功能。

2. 主要适用的环境不同

三层交换机的路由功能通常所面对的主要是简单的局域网连接。正因如此，三层交换机的路由功能通常比较简单，路由路径远，没有路由器那么复杂。它用在局域网中的主要用途还是提供快速数据交换功能，满足局域网数据交换频繁的应用特点。

而路由器则不同，它的设计初衷就是为了满足不同类型的网络连接，虽然也适用于局域网之间的连接，但它的路由功能更多地体现在不同类型网络之间的互联上，如局域网与广域网之间的连接、不同协议的网络之间的连接等，所以路由器主要是用于不同类型的网络之间。它最主要的功能就是路由转发，解决好各种复杂路由路径网络的连接就是它的最终目的，所以路由器的路由功能通常非常强大，不仅适用于同种协议的局域网间，更适用于不同协议的局域网与广域网间。它的优势在于选择最佳路由、分担负荷、备份链路及和其他网络进行路由信息的交换等路由器所具有的功能。为了与各种类型的网络连接，路由器的接口类型非常丰富，而三层交换机则一般仅有同类型的局域网接口，非常简单。

3. 性能体现不同

从技术上讲，路由器和三层交换机在数据包交换操作上存在着明显区别。路由器一般由基于微处理器的软件路由引擎执行数据包交换，而三层交换机通过硬件执行数据包交换。三层交换机在对第一个数据流进行路由后，它将会产生一个 MAC 地址与 IP 地址的映射表，当同样的数据流再次通过时，将根据此表直接从二层通过而不是再次路由，从而消除了路由器进行路由选择而造成网络的延迟，提高了数据包转发的效率。同时，三层交换机的路由查找是针对数据流的，它利用缓存技术，很容易利用 ASIC 技术来实现，因此，可以大大节约成本，并实现快速转发。而路由器的转发采用最长匹配的方式，实现过程复杂，通常使用软件来实现，转发效率较低。

正因如此，从整体性能上比较，三层交换机的性能要远优于路由器，非常适合用于数据交换频繁的局域网；而路由器虽然路由功能非常强大，但它的数据包转发效率远低于三层交换机，更适合于数据交换不是很频繁的不同类型网络的互联，如局域网与互联网的互联。如果把路由器，特别是高档路由器用于局域网中，则在相当大程度上是一种浪费（就其强大的路由功能而言），而且还不能很好地满足局域网通信性能需求，影响子网间的正常通信。

综上所述，三层交换机与路由器之间还是存在着非常大的本质区别的。无论从哪方面来说，在局域网中进行多子网连接，最好选用三层交换机，特别是在不同子网数据交换频繁的环境中。一方面可以确保子网间的通信性能需求，另一方面省去了另外购买交换机的投资。当然，如果子网间的通信不是很频繁，采用路由器也无可非议，也可达到子网安全隔离、相互通信的目的。具体要根据实际需求来定。

任务 2　三层交换机的路由功能二（SVI 路由）

【学习情境】

某公司内部有多种 VLAN，有多种不同的网段划分，都需要通过核心交换机来进行分类和互联，有哪些方法可实现？

【学习目的】

1. 比较三层交换机开启端口路由配置地址与对 VLAN 配置地址形成直连路由的方法。
2. 掌握相同 VLAN 互通与不同 VLAN 互通的进行配置的技巧。

【相关设备】

二层交换机 2 台、三层交换机 1 台、PC4 台、直连线 4 根、交叉线 2 根。

【实验拓扑】

拓扑如图 2-2-1 所示。

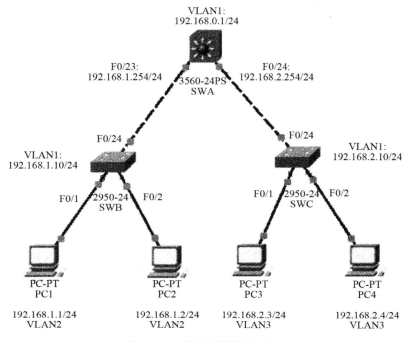

图 2-2-1　实验拓扑搭建示意图

【实验任务】

1. 如图 2-2-1 所示，进行 PC 和二层交换机的 IP 配置。注意 PC1、PC2、SWB 的网关为 192.168.1.254（即与三层交换机 SWA 连接的 F0/23 口地址），PC3、PC4、SWC 的网关为 192.168.2.254（即与三层交换机 SWA 连接的 F0/24 口地址）。

2. 测试互通情况并分析。应该是 PC1、PC2、SWB 互通（因为它们是同一个网段），PC3、PC4、SWC 互通（因为它们是同一个同段），其他不通（因为网段不同，路由不通）。

3. 对 SWA 配置 VLAN1 管理地址。对 SWA 开启"三层路由"功能。再开启 F0/23、F0/24 口的"端口路由"并配置地址。查看三层交换机的路由情况（直连路由）。

4. 测试互通情况并分析。应该全通（因为三层交换机开启了路由功能，形成了直连路由）。

5. 对应建立 VLAN，再次测试互通情况并分析，发现不能互通，需要把三个交换机之间的连线设置为 Trunk 模式。不能设置，因为 SWA 的 F0/23、F0/24 口开启了"端口路由"并配置了地址，不能再设置 Trunk 模式（因为它已经变成了路由器模式的端口）。

解决方法如图 2-2-2 所示。

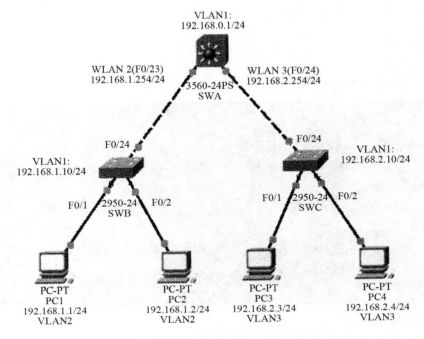

图 2-2-2　三个交换机不能设置 Trunk 的解决办法拓扑图

6. 如图 2-2-2 所示，对 SWA 取消 F0/23，F0/24 口的 IP 地址，并且关闭"端口路由"模式，恢复到交换机端口模式。再对 SWA 建立 VLAN2（加入 F0/23）和 VLAN3（加入 F0/24）。对 VLAN2 设置 IP：192.168.1.254/24；对 VLAN3 设置 IP：192.168.2.254/24。

7. 如图 2-2-2 所示，把三个交换机之间的连接端口设置为 Trunk 模式，测试互通情况并分析（应该是全通）。

【实验命令】

1. 取消端口的 IP 地址

SWA (config-if) #noipaddress

2. 关闭"端口路由"模式

SWA (config-if) #switchport

【注意事项】

1. 注意三层交换机端口的模式，只有在路由模式下才可以设置地址，只有在交换模式下才可能设置 Trunk。

2. 注意观察路由在实验中的作用。

【配置结果】

1. SWA#showvlan

```
VLAN  Name      Status    Ports
----  --------  --------  --------
1     default   active    F0/1,F0/2,F0/3,F0/4
                          F0/5,F0/6,F0/7,F0/8
                          F0/9,F0/10,F0/11,F0/12
                          F0/13,F0/14,F0/15,F0/16
                          F0/17,F0/18,F0/19,F0/20
                          F0/21,F0/22,Gig0/1,Gig0/2
2     VLAN002   active
3     VLAN003   active
```

2. SWA#showiproute

```
Codes:C-connected,S-static,I-IGRP,R-RIP,M-mobile,B-BGP
      D-EIGRP,EX-EIGRP external,O-OSPF,IA-OSPF inter area
      N1-OSPF NSSA external type 1,N2-OSPF NSSA external type 2
      E1-OSPF external type 1,E2-OSPF external type 2,E-EGP
      i-IS-IS,L1-IS-IS level-1,L2-IS-IS level-2,ia-IS-IS in-
ter area
      *-candidate default,U-per-user static route,o-ODR
      P-periodic downloaded static route

Gateway of last resort is not set

C  192.168.0.0/24 is directly connected,Vlan1
C  192.168.1.0/24 is directly connected,Vlan2
C  192.168.2.0/24 is directly connected,Vlan3
```

3. SWA♯showrunning-config

```
Building configuration...

Current configuration:1283 bytes
version 12.2
no service timestamps log datetime msec
no service timestamps debug datetime msec
no service password-encryption
hostname SWA
interface FastEthernet0/1
interface FastEthernet0/2
interface FastEthernet0/3
interface FastEthernet0/4
interface FastEthernet0/5
interface FastEthernet0/6
interface FastEthernet0/7
interface FastEthernet0/8
interface FastEthernet0/9
interface FastEthernet0/10
interface FastEthernet0/11
interface FastEthernet0/12
interface FastEthernet0/13
interface FastEthernet0/14
interface FastEthernet0/15
interface FastEthernet0/16
interface FastEthernet0/17
interface FastEthernet0/18
interface FastEthernet0/19
interface FastEthernet0/20
interface FastEthernet0/21
interface FastEthernet0/22
interface FastEthernet0/23
   switchport access vlan 2
   switchport mode trunk
interface FastEthernet0/24
   switchport access vlan 3
   switchport mode trunk
interface GigabitEthernet0/1
```

```
interface GigabitEthernet0/2
interface Vlan1
  ip address 192.168.0.1 255.255.255.0
interface Vlan2
  ip address 192.168.1.254 255.255.255.0
interface Vlan3
ip address 192.168.2.254 255.255.255.0
ip classless
line con 0
line vty 0 4
  login
end
```

【技术原理】

在一般的二层交换机组成的网络中，VLAN 实现了网络流量分割，不同的 VLAN 间是不能互相通信的。如果要实现 VLAN 间的通信必须借助路由实现：一种是利用路由器，另一种是借助具有三层功能的交换机。三层交换机在对第一个数据流进行路由后，会产生一个 MAC 地址与 IP 地址的映射表，当同样的数据流再次通过时，将根据此表直接从二层通过而不是再次路由，从而消除了路由器进行路由选择而造成网络的延迟，提高了数据包转发的效率，消除了路由器可能产生的网络瓶颈问题。

任务 3　交换机综合实验网络规划与配置

【学习情境】

某新建学校需要根据实际情况进行网络规划和设计，并进行相关设备的选型和相关地址的规划和重要命令的配置，以实现局域网内部的高速互通，并具有比较高的安全性和一定的冗余备份。

【学习目的】

1. 学习对一个真实的局域网进行分层和分段设计。
2. 锻炼对一个复杂的网络进行合理的规划和配置。
3. 学会一个网络工程的整体思维、合作意思。
4. 学会一个网络工程中单个设备与全面设计之间的关系和重要关系。
5. 对交换机相关技术进行全面的复习和巩固。

项目二 交换机的复杂功能

【相关设备】

二层交换机 4 台、三层交换机 4 台、PC8 台、直连线 8 根、交叉线 9 根。

【实验拓扑】

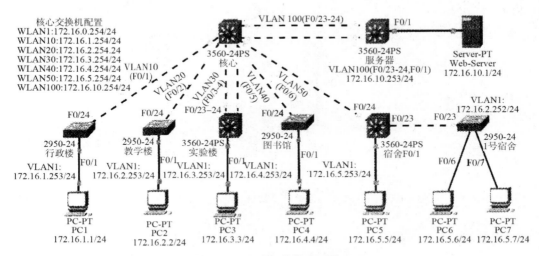

图 2-3-1 实验拓扑搭建示意图

【实验任务】

1. 如图 2-3-1 所示，设置所有设备的管理地址与端口地址，另外对核心交换机设置远程登录密码（统一设为 wjxvtc）、特权密码（统一设为 rggs）。注意：核心交换机中各个 VLAN 地址对应的就是其他设备的默认网关。

2. 对核心交换机开启三层路由功能，查看路由表（应该有 6 条直连路由），测试全网的连通性（必须全通）。

3. 对所有交换机都开启生成树协议并设置为 RSTP，加快网络的响应速度和收敛速度，把核心交换机直接定义为根交换机，以确保网络的稳定，并把它的优先级设置为 4096。

4. 在核心交换机（F0/23-24）与服务器交换机（F0/23-24）之间建立聚合链路，拓展带宽，以保证全校对服务器访问的速度。如图 2-3-2 所示，对核心交换机增加 F0/4 与实验楼 F0/23 的连接线，增加 F0/23 与服务器 F0/23 的连接线。（模拟上有 BUG，聚合能做，但不通，变通的方法是：做完配置后删除一根连线）

5. 对宿舍交换机与 1 号宿舍交换机分别建立 VLAN60 和 VLAN70，并把 PC5、PC6 加入 VLAN60，把 PC7 加入 VLAN70。两交换机之间建立 Trunk 链路，实现 PC5 与 PC6 互通，与 PC7 不通。

6. 对 1 号宿舍交换机的 F0/6 口和 F0/7 口进行安全设置，只允许 PC6 和 PC7 进行连接（进行 MAC 地址绑定），并且最大连接数为 1，违例的处理方式为 shutdown。

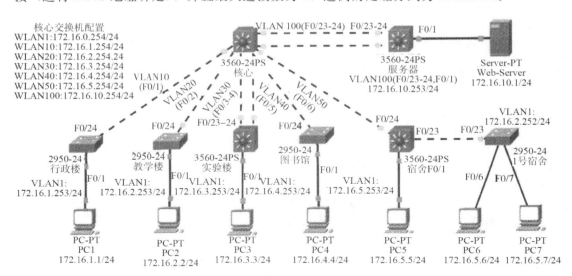

图 2-3-2 带宽扩展后拓扑搭建示意图

【配置结果】

sw-hx#showrunning-config:

```
Building configuration...
Current configuration:1850 bytes
version 12.2
no service password - encryption
hostname SW - hx
ip ssh version 1
port - channel load - balance src - mac
spanning - tree mode rapid - pvst
spanning - tree vlan 1 priority 4096
interface FastEthernet0 /1
   switchport access vlan 10
interface FastEthernet0 /2
   switchport access vlan 20
interface FastEthernet0 /3
   switchport access vlan 30
interface FastEthernet0 /4
   switchport access vlan 30
interface FastEthernet0 /5
   switchport access vlan 40
interface FastEthernet0 /6
```

```
    switchport access vlan 50
interface FastEthernet0/7
interface FastEthernet0/8
interface FastEthernet0/9
interface FastEthernet0/10
interface FastEthernet0/11
interface FastEthernet0/12
interface FastEthernet0/13
interface FastEthernet0/14
interface FastEthernet0/15
interface FastEthernet0/16
interface FastEthernet0/17
interface FastEthernet0/18
interface FastEthernet0/19
interface FastEthernet0/20
interface FastEthernet0/21
interface FastEthernet0/22
interface FastEthernet0/23
    channel-group 1 mode on
    switchport access vlan 100
    switchport mode trunk
interface FastEthernet0/24
    channel-group 1 mode on
    switchport access vlan 100
    switchport mode trunk
interface GigabitEthernet0/1
interface GigabitEthernet0/2
interface Port-channel 1
    switchport mode trunk
interface Vlan1
    ip address 172.16.0.254 255.255.255.0
interface Vlan10
    ip address 172.16.1.254 255.255.255.0
interface Vlan20
    ip address 172.16.2.254 255.255.255.0
interface Vlan30
    ip address 172.16.3.254 255.255.255.0
interface Vlan40
```

```
    ip address 172.16.4.254 255.255.255.0
interface Vlan50
    ip address 172.16.5.254 255.255.255.0
interface Vlan100
    ip address 172.16.10.254 255.255.255.0
ip classless
line con 0
    password rggs
    login
line vty 0 4
    password wjxvtc
    login
line vty 5 15
    password wjxvtc
    login
end
```

练习题

1. 在配置交换网络时，如果部署了多个 VLAN，那么交换机之间的接口和连接用户主机的接口均是什么模式？

2. 交换机的 Access 口和 Trunk 口的区别是什么？

3. IEEE802.1Q 标签中的 TCI 字段包含了哪三个部分？

4. 为了验证网络连通性，工程师在一台锐捷交换机上执行命令：ping192.168.100.11 source10.10101ntime100。其中 ntime100 代表什么？

项目三　路由器的基础配置

任务1　路由器基本配置与静态路由
任务2　单臂路由配置
任务3　RIP动态路由配置
任务4　OSPF动态路由单区域配置
任务5　OSPF动态路由多区域配置

任务1　路由器基本配置与静态路由

【学习情境】

你是某公司的管理员，对新买来的路由器要进行初始化的口令与地址的配置才能放到网络中实现远程管理和控制。对于像服务器等比较固定而且要求反应速度比较快的地方，要用静态路由来进行配置，以获得最大的稳定性和速度。

【学习目的】

1．掌握通过计算机 Com 口和路由器的 Console 口相连，通过超级终端登录路由器的方法。
2．学会对路由器进行初始化配置，如，控制台口令、远程登录口令、特权口令等。
3．掌握静态路由的配置原理和配置方法。
4．掌握路由器相关模块的增加和 V.35 高速同步串口线缆的使用与配置。

【相关设备】

路由器2台、PC2台、V.35线缆1对、交叉线2根。

【实验拓扑】

拓扑如图 3-1-1 所示。

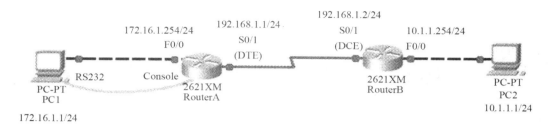

图 3-1-1 实验拓扑环境搭建示意图

【实验任务】

1. 如图 3-1-1 所示搭建网络环境，并对两个路由器关闭电源，分别扩展一个异步高速串口模块（WIC-2T）。两个路由器之间使用 V.35 的同步线缆连接，RouterB 的 S0/1 口连接的是 DCE 端，RouterA 的 S0/1 口连接的是 DTE 端。在模拟器中，路由器和 PC 之间使用交叉线连接，使用直连线不通，真实设备中可以使用直连线连接，设置 2 台 PC 的地址和网关。

2. 在 PC1 上通过超级终端对 RouterA 进行初始化配置，设置路由器的控制台口令为 123456，设置路由器的远程登录口令为 abcdef，设置路由器的特权口令（非加密）为 rt-password，特权密码（加密）为 rtsecret。

3. 配置 RouterA 和 RouterB 的 F0/0 口地址与 S0/1 口地址。在 RouterB 的 S0/1 口上配置同步时钟为 64000。

4. 在 PC1 上测试路由器 RouterA 的控制台口令、远程登录口、特权密码。

5. 查看 RouterA 和 RouterB 的路由表，测试 4 台设备的连通性，总结并说明原因。

6. 在 RouterA 上设置通往 10.1.1.0 网段的静态路由，在 RouterB 上设置通往 172.16.1.0 网段的静态路由。

7. 再次查看 RouterA 和 RouterB 的路由表，测试 4 台设备的连通性，总结并说明原因。

8. 保存配置结果。

9. 最后把配置以及 ping 的结果截图打包，以"学号姓名"为文件名，提交作业。

【实验命令】

1. 设置 consoleport 口令过程

RouterA＞enable
RouterA#configureterminal
RouterA (config) #lineconsole0

Route-A（config-line）#password123456

RouterA（config-Iine）#login

2. 设置 vty 口令过程

RouterA>enable

RouterA#configureterminal

RouterA（config）#linevty04

RouterA（config-line）#passwordabcedf

RouterA（config-line）#login

3. 设置特权用户口令过程

RouterA>enable

RouterA#configureterminal

RouterA（config）#enablepasswordrtpassword（非加密）

RouterA（config）#enablesecretrtsecret（加密）

4. 配置同步时钟

RouterB（config）#interfaceserial0/1

RouterB（config-if）#clockrate64000

5. 在 RouterA 上设置通往 10.1.1.0 网段的静态路由

RouterA（config）#iproute10.1.1.0255.255.255.0192.168.1.2

6. 在 RouterB 上设置通往 172.16.1.0 网段的静态路由

RouterB（config）#iproute172.16.1.0255.255.255.0192.168.1.1

【注意事项】

1. 路由器无 VLAN，路由器的端口可以直接设置地址。

2. 搭建网络拓扑时，注意路由器 DTE 和 DCE 的角色，做到正确连接，并对 DCE 端进行同步时钟的配置，前后可以测试连通性，比较同步的重要性。

3. 设置静态路由的时候注意目标网段是不认识的网段。设置下一跳路由的地址或是设置出口接口，注意正确选择和两种方法的区别。

【配置结果】

1. RouterA♯showiproute

```
Codes:C - connected,S - static,I - IGRP,R - RIP,M - mobile,B - BGP
      D - EIGRP,EX - EIGRP external,O - OSPF,IA - OSPF inter area
      N1 - OSPF NSSA external type 1,N2 - OSPF NSSA external type 2
      E1 - OSPF external type 1,E2 - OSPF external type 2,E - EGP
      i - IS - IS,L1 - IS - IS level -1,L2 - IS - IS level -2,ia - IS - IS inter area
      * - candidate default,U - per - user static route,o - ODR
      P - periodic downloaded static route

Gateway of last resort is not set

     10.0.0.0/24 is subnetted,1 subnets
S       10.1.1.0 is directly connected,Serial0/1
     172.16.0.0/24 is subnetted,1 subnets
C       172.16.1.0 is directly connected,FastEthernet0/0
C    192.168.1.0/24 is directly connected,Serial0/1
```

2. RouterA♯showrunning-config

```
Building configuration...
Current configuration:586 bytes
version 12.2
no service password - encryption
hostname RouterA
enable secret 5  $1 $mERr $c6cLBfsPLWw/WndtEScGq.
enable password rtpassword
ip ssh version 1
interface FastEthernet0/0
  ip address 172.16.1.254 255.255.255.0
  duplex auto
speed auto
interface FastEthernet0/1
no ip address
duplex auto
  speed auto
interface Serial0/0
  no ip address
  shutdown
interface Serial0/1
  ip address 192.168.1.2 255.255.255.0
ip classless
ip route 10.1.1.0 255.255.255.0 Serial0/1
line con 0
  password 123456
  login
line vty 0 4
  password abcdef
  login
end
```

【技术原理】

1. 路由器物理构造

如图 3-1-2 所示，路由器区别与交换机的硬件结构：NVRAM（非易失性随机存储器）、Line（广域网线缆）。

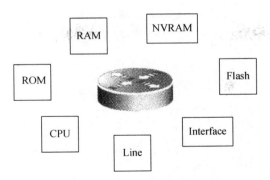

图 3-1-2　路由器物理构造分解图

2. 路由器启动过程

如图 3-1-3 所示。

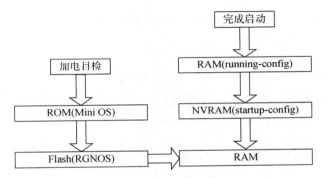

图 3-1-3　路由器启动过程示意图

3. 路由器的硬件连接

如图 3-1-4 所示。在 DCE 端必须配置时钟频率。

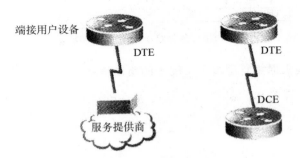

图 3-1-4　路由器的硬件连接图

4. 路由协议（RoutingProtocol）

路由协议用于路由器动态寻找网络最佳路径，保证所有路由器拥有相同的路由表，一般路由协议决定数据包在网络上的行走路径。这类协议的例子有 OSPF、RIP 等路由协议。通过提供共享路由选择信息的机制才支持被动路由协议。路由选择协议消息在路由器之间传送。路由选择协议允许路由器与其他路由器通信来修改和维护路由选择表。

5. 路由的信息

如图 3-1-5 所示。

```
O   172.16.8.0  [110/20]  via 172.16.7.9, 00:00:23, Seria10
```

O	——路由信息的来源(OSPF)
172.16.8.0	——目标网络(或子网)
[110	——管理距离(路由的可信度)
/20]	——量度值(路由的可到达性)
via 172.16.7.9	——下一跳地址(下个路由器)
00:00:23	——路由的存活时间(时分秒)
Seria10	——出站接口

图 3-1-5　路由的信息解析

6. 管理距离（可信度）

（1）管理距离可以用来选择采用哪个 IP 路由协议；

（2）管理距离值越低，学到的路由越可信。静态配置路由优先于动态协议学到的路由，采用复杂量度的路由协议优先于简单量度的路由协议，如图 3-1-6 所示。

路由源	缺少管理距离
Connected Interface	0
Static route out an Interface	0
Static route to a next hop	1
External BGP	20
OSPF	110
IS-IS	115
RIP v1，v2	120
Internal BGP	200
Unknown	255

图 3-1-6　各种路由 协议管理距离值

7. 静态路由是指由网络管理员手工配置的路由信息

静态路由除了具有简单、高效、可靠的优点外，它的另一个好处是网络安全保密性高。

任务 2　单臂路由配置

【学习情境】

假如你是网络管理员，公司不同的部门所在的 VLAN 和网段都不一样，公司目前只有路由器和二层交换机，没有三层交换机，请你实现内网中不同部门的互通。

【学习目的】

1. 理解和掌握单臂路由的工作原理。
2. 熟练掌握路由器子接口的划分。
3. 熟练掌握在路由器接口上封装 IEEE802.1Q 协议的方法。
4. 分析和比较不同 VLAN、不同网段之间实现互通的多种方法。

【相关设备】

路由器 1 台、交换机 1 台、PC2 台、直连线 3 根。

【实验拓扑】

拓扑如图 3-2-1 所示。

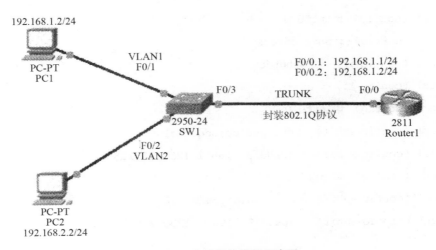

图 3-2-1　实验拓扑搭建示意图

【实验任务】

1. PC 的配置：

PC1 的 IP：192.168.1.2 netmask：255.255.255.0 gateway：192.168.1.1。

PC2 的 IP：192.168.2.2 netmask：255.255.255.0 gateway：192.168.2.1。

两个 PC 不能互通，因为是两个不同的网段。

2. 交换机 SW1 的配置：在 SW1 上创建 VLAN2，将 SW1 的 F0/1 和 F0/2 模式设置为 Access，并分别加入 VLAN1 和 VLAN2，将 F0/3 的模式设置为 Trunk。

3. 在路由器 Router1 上划分子接口 F0/0.1 和 F0/0.2，封装 IEEE802.1Q 协议，配置 IP 地址。

4. 验证路由器的子接口划分、直连路由的形成。测试 PC1 与 PC2 的互通性。

5. 最后把配置以及 Ping 的结果截图打包，以"学号姓名"为文件名，提交作业。

【实验命令】

1. 将 F0/3 的模式设置为 Trunk

SW1（config）#intf0/3

SW1（config-if）#switchportmodetrunk

2. 在路由器 Router1 上划分子接口 F0/0.1 和 F0/0.2，封装 IEEE802.IQ 协议，配置 IP 地址

Router1（config）#intf0/0

Router1（config）#noipaddress

Router1（config-if）#noshutdown

Router1（config-if）#exit

Router1（config）#intf0/0.1

Router1（config-subif）#encapsulationdot1q1

Router1（config-subif）#ipadd192.168.1.1255.255.255.0

Router1（config）#intf0/0.2

Router1（config-subif）#encapsulationdot1q2

Router1（config-subif）#ipadd192.168.2.1255.255.255.0

【注意事项】

1. PC1 与 PC2 是两个不同网段，注意它们的子网掩码和网关的设置。

2. 对路由器划分子接口的时候，必须要先把此接口的原 IP 删除。

3. 在路由器封装 IEEE802.1Q 协议时，必须正确的指定对应的 VIAN 编号。

4. 单臂路由的缺点：在数据量增大时，路由器与交换机之间的路径会成为整个网络的瓶颈，所以内网的高速数据转发还是通过三层交换机实现比较好，它可以做到 1 次路由多次交换。

【配置结果】

1. SW1＃showrunning-config

```
Building configuration...
Current configuration:909 bytes
version 12.1
no service password-encryption
hostname SW1
interface FastEthernet0/1
interface FastEthernet0/2
  switchport access vlan 2
interface FastEthernet0/3
  switchport mode trunk
interface FastEthernet0/4
interface FastEthernet0/5
interface FastEthernet0/6
interface FastEthernet0/7
interface FastEthernet0/8
interface FastEthernet0/9
interface FastEthernet0/10
interface FastEthernet0/11
interface FastEthernet0/12
interface FastEthernet0/13
interface FastEthernet0/14
interface FastEthernet0/15
interface FastEthernet0/16
interface FastEthernet0/17
interface FastEthernet0/18
interface FastEthernet0/19
interface FastEthernet0/20
interface FastEthernet0/21
interface FastEthernet0/22
interface FastEthernet0/23
interface FastEthernet0/24
interface Vlan1
  no ip address
  shutdown
line con 0
```

```
line vty 0 4
  login
line vty 5 15
  login
end
```

2. Router1#showrunning-config

```
Building configuration...
Current configuration:532 bytes
version 12.4
no service password-encryption
hostname Router1
ip ssh version 1
interface FastEthernet0/0
  no ip address
  duplex auto
  speed auto
interface FastEthernet0/0.1
  encapsulation dot1Q 1 native
  ip address 192.168.1.1 255.255.255.0
interface FastEthernet0/0.2
  encapsulation dot1Q 2
  ip address 192.168.2.1 255.255.255.0
interface FastEthernet0/1
  no ip address
  duplex auto
  speed auto
  shutdown
interface Vlan1
  no ip address
  shutdown
ip classless
line con 0
line vty 0 4
  login
end
```

3. Router1#show ip route

```
Codes:C-connected,S-static,I-IGRP,R-RIP,M-mobile,B-BGP
```

项目三　路由器的基础配置

```
         D - EIGRP,EX - EIGRP external,O - OSPF,IA - OSPF inter area
         N1 - OSPF NSSA external type 1,N2 - OSPF NSSA external type 2
         E1 - OSPF external type 1,E2 - OSPF external type 2,E - EGP
         i - IS - IS,L1 - IS - IS level -1,L2 - IS - IS level -2,ia - IS - IS inter area
         * - candidate default,U - per - user static route,o - ODR
         P - periodic downloaded static route
Gateway of last resort is not set

C    192.168.1.0/24 is directly connected,FastEthernet0/0.1
C    192.168.2.0/24 is directly connected,FastEthernet0/0.2
```

【技术原理】

1. 单臂路由（router-on-a-stick）是指在路由器的一个接口上通过配置子接口（或"逻辑接口"，并不存在真正物理接口）的方式，实现原来相互隔离的不同 VLAN（虚拟局域网）之间的互联互通。

2. 通过单臂路由的学习，能够深入地了解 VLAN 的划分、封装和通信原理，理解路由器子接口、ISL 协议和 802.1Q 协议。

任务 3　RIP 动态路由配置

【学习情境】

假设某高校有两个校区，需要把两个校区的两台路由器进行相关的 RIP 动态路由配置，实现两个校区中多个子网的互通，即使每个校区内有扩充或拆除子网的情况也不会有任何影响。

【学习目的】

1. 掌握 RIP 路由的技术原理和类型。
2. 掌握 RIP 路由的配置方法和路由表的形成。
3. 掌握本地环回接口 Loopback 的作用和配置方法。
4. 掌握如何在 RIPv2 上关闭路由自动汇总功能。

【相关设备】

路由器 2 台、PC2 台、V.35 线缆 1 对、交叉线 2 根。

【实验拓扑】

拓扑如图 3-3-1 所示。

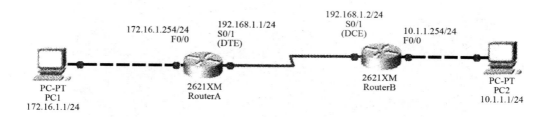

图 3-3-1 实验拓扑搭建示意图

【实验任务】

1. 如图 3-3-1 所示，搭建网络环境，并关闭两个路由器的电源，分别扩展一个异步高速串口模块（WIC-2T）。两个路由器之间使用 V.35 的同步线缆连接，RouterB 的 S0/1 口连接的是 DCE 端，RouterA 的 S0/1 口连接的是 DTE 端。在模拟器中，路由器和 PC 之间使用交叉线连接，使用直连线不通，真实设备中可以使用直连线连接，设置两台 PC 的地址和网关。

2. 配置 RouterA 和 RouterB 的 F0/0 口地址与 S0/1 口地址。在 RouterB 的 S0/1 口上配置同步时钟为 64000。

3. 查看 RouterA 和 RouterB 的路由表。测试 4 台设备的连通性。总结并说明原因。

4. 在 RouterA 上配置 RIP 路由协议并启用 RIPv2 版本，关闭路由自动汇总功能；在 RouterB 上配置 RIP 路由协议并启用 RIPv2 版本，关闭路由自动汇总功能。

5. 再次查看 RouterA 和 RouterB 的路由表，测试 4 台设备的连通性（应该全通），总结并说明原因。

6. 在 RouterA 上创建本地环回接口 Loopback0（虚拟接口），地址设为 172.16.2.1/24；在 RouterB 上创建本地环回接口 Loopback0，地址设为 10.2.2.1/24。改建后的拓扑如图 3-3-2 所示。

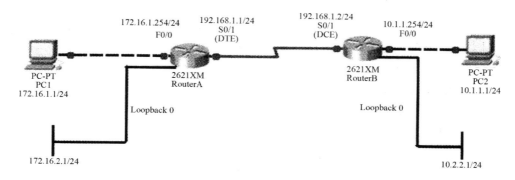

图 3-3-2 改建后实验拓扑搭建示意图

7. 再次查看 RouterA 和 RouterB 的路由表，测试设备连通性。说明虚拟接口 Loop-

back 的作用。

8. 最后把配置以及 ping 的结果截图打包，以"学号姓名"为文件名，提交作业。

【实验命令】

1. RouterA 上配置 RIP 路由协议并启用 RIPv2 版本

RouterA（config）#routerrip

RouterA（config-router）#network172.16.1.0

RouterA（config-router）#network192.168.1.0

RouterA（config-router）#version2

RouterA（config-router）#noauto-summary

2. RouterB 上配置 RIP 路由协议并启用 RIPv2 版本

RouterB（config）#routerrip

RouterE（config-router）#network10.1

RouterB（config-router）#network192.168.1.0

RouterE（config-router）#version2

RouterE（config-router）#noauto-summary

3. 在 RouterA 上创建本地环回接口 Loopback0，地址设为 172.16.2.1/24

RouterA（config）#interfaceloopback0

RouterA（config-if）#ipaddress172.16.2.1255.255.255.0

4. 在 RouterB 上创建本地环回接口 Loopback0，地址设为 10.2.2.1/24

RouterB（config）#interfaceloopback0

RouterB（config-if）#ipaddress10.2.2.1255.255.255.0

【注意事项】

1. 如果直连路由只有一条，其他直连路由没有形成，可能 DCE 端的同步时钟没有配置，两个路由器间的同步没有实现。

2. 如果 PC 的地址配置不上，说明网络中此地址已经存在，可能是路由器上配置的 PC 网关地址错了，被误设置成了 PC 地址。

3. noauto-summary 命令可以关闭路由器对网段的自动汇总，避免把同类的几个小网段路由信息汇总成一个大网段路由信息。

4. 创建本地环回接口 Loopback，主要是因为这种地址是虚拟地址，比较稳定，不会因为端口 down 掉而地址失效，可以作为远程登录的管理地址使用。

【配置结果】

1. RouterA#showiproute

```
Codes:C - connected,S - static,I - IGRP,R - RIP,M - mobile,B - BGP
      D - EIGRP,EX - EIGRP external,O - OSPF,IA - OSPF inter area
      N1 - OSPF NSSA external type 1,N2 - OSPF NSSA external type 2
      E1 - OSPF external type 1,E2 - OSPF external type 2,E - EGP
      i - IS - IS,L1 - IS - IS level - 1,L2 - IS - IS level - 2,ia - IS - IS in-
ter area
      * - candidate default,U - per - user static route,o - ODR
      P - periodic downloaded static route
Gateway of last resort is not set

     10.0.0.0/24 is subnetted,2 subnets
R    10.1.1.0 [120/1] via 192.168.1.2,00:00:26,Serial0/1
R    10.2.2.0 [120/1] via 192.168.1.2,00:00:26,Serial0/1
     172.16.0.0/24 is subnetted,2 subnets
C    172.16.1.0 is directly connected,FastEthernet0/0
C    172.16.2.0 is directly connected,Loopback0
C    192.168.1.0/24 is directly connected,Serial0/1
```

2. RouterB#showiproute

```
Codes:C - connected,S - static,I - IGRP,R - RIP,M - mobile,B - BGP
      D - EIGRP,EX - EIGRP external,O - OSPF,IA - OSPF inter area
      N1 - OSPF NSSA external type 1,N2 - OSPF NSSA external type 2
      E1 - OSPF external type 1,E2 - OSPF external type 2,E - EGP
      i - IS - IS,L1 - IS - IS level - 1,L2 - IS - IS level - 2,ia - IS - IS
inter area
      * - candidate default,U - per - user static route,o - ODR
      P - periodic downloaded static route
Gateway of last resort is not set

     10.0.0.0/24 is subnetted,2 subnets
C    10.1.1.0 is directly connected,FastEthernet0/0
C    10.2.2.0 is directly connected,Loopback0
     172.16.0.0/24 is subnetted,2 subnets
R    172.16.1.0 [120/1] via 192.168.1.1,00:00:19,Serial0/1
R    172.16.2.0 [120/1] via 192.168.1.1,00:00:19,Serial0/1
C    192.168.1.0/24 is directly connected,Serial0/1
```

3. RouterA#showrunning-config

```
Building configuration...
Current configuration:595 bytes
version 12.2
```

```
no service password - encryption
hostname RouterA
ip ssh version 1
interface Loopback0
   ip address 172.16.2.1 255.255.255.0
interface FastEthernet0/0
   ip address 172.16.1.254 255.255.255.0
   duplex auto
   speed auto
interface FastEthernet0/1
   no ip address
   duplex auto
   speed auto
   shutdown
interface Serial0/0
   no ip address
   shutdown
interface Serial0/1
   ip address 192.168.1.1 255.255.255.0
   clock rate 64000
router rip
   version 2
   network 172.16.0.0
   network 192.168.1.0
   no auto - summary
ip classless
line con 0
line vty 0 4
   login
end
```

4. RouterB#showrunning-config

```
Building configuration...
Current configuration:571 bytes
version 12.2
no service password-encryption
hostname RouterB
ip ssh version 1

interface Loopback0
  ip address 10.2.2.1 255.255.255.0
interface FastEthernet0/0
  ip address 10.1.1.254 255.255.255.0
  duplex auto
  speed auto
interface FastEthernet0/1
  no ip address
  duplex auto
  speed auto
  shutdown
interface Serial0/0
  no ip address
  shutdown
interface Serial0/1
  ip address 192.168.1.2 255.255.255.0
router rip
  version 2
  network 10.0.0.0
  network 192.168.1.0
  no auto-summary
ip classless
line con 0
line vty 0 4
  login
end
```

【技术原理】

1. 动态路由协议的分类

（1）自治系统：一个自治系统就是处于一个管理机构控制之下的路由器和网络群组。

（2）外部网关协议（EGP）：在自治系统之间交换路由选择信息的互联网络协议，如 BGP。

（3）内部网关协议（ICP）：在自治系统内交换路由选择信息的路由协议，常用的内部网关协议有 OSPF、RIP、IGRP、EIGRP、IS-IS。

2. 常见动态路由协议

（1）RIP：路由信息协议。

（2）OSPF：开放式最短路径优先。

（3）ICRP：内部网关路由协议。

（4）EICRP：增强型内部网关路由协议。

（5）IS-IS：中间系统—中间系统。

（6）BGP：边界网关协议。

3. 路由协议分类

（1）是否支持无类路由。

有类路由协议：RIPv1、ICRP。

无类路由协议：RIPv2、OSPF、IS-IS、BGPv4。

（2）距离矢量路由协议。

距离矢量路由协议向邻居发送路由信息。

距离矢量路由协议定时更新路由信息。

距离矢量路由协议将本机全部路由信息作为更新信息。

（3）链路状态路由协议。

链路状态路由协议向全网扩散链路状态信息。

链路状态路由协议当网络结构发生变化时立即发送更新信息。

链路状态路由协议只发送需要更新的信息。

4. 路由信息协议

路由信息协议（Routing Information Protocols，RIP），是应用较早、使用较普遍的内部网关协议（Interior Gateway Protocol，ICP），适用于小型同类网络，是典型的距离矢量（distance-vector）协议。

（1）RIP 的路由算法：RIP 是以跳数来衡量到达目的网络的度量值（metric），RIP 如果从网络的一个终端到另一个终端的路由跳数超过 15 个，那么认为 RIP 产生了循环，因此当一个路径达到 16 跳，将被认为是不可到达的。

（2）RIP 路由信息的更新：RIP 每隔 30 秒定期向外发送一次更新报文；如果路由器经过 180 秒没有收到来自某一路由器的路由更新报文，则将所有来自此路由器的路由信息标志为不可达；若在其后 240 秒内仍未收到更新报文，就将这些路由从路由表中删除。

（3）RIP 路由协议的版本：

RIPv1：有类路由协议，不支持 VLSM，以广播的形式发送更新报文，不支持认证。

RIPv2：无类路由协议，支持 VLSM，以组播的形式发送更新报文，支持明文和 MD5 的认证。

任务 4　OSPF 动态路由单区域配置

【学习情境】

假设某高校有两个校区，需要把两个校区的两台路由器进行相关的 OSPF 动态路由配置，实现两个校区多个子网的互通，即使每个校园内有扩充或拆除子网的情况，也不会有任何影响。

【学习目的】

1. 掌握 OSPF 路由的技术原理和类型。
2. 掌握 OSPF 路由的配置方法和路由表的形成。
3. 巩固本地环回接口 Loopback 的配置方法。
4. 巩固三层交换机中 SVI 和端口路由的配置方法。
5. 掌握三层交换机的动态路由配置技巧。

【相关设备】

路由器 2 台、PC2 台、V.35 线缆 1 对、交叉线 2 根。

【实验拓扑】

拓扑如图 3-4-1 所示。

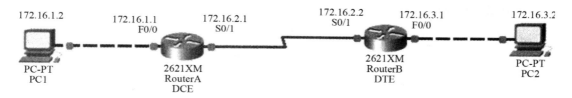

图 3-4-1　实验拓扑搭建示意图

【实验任务】

1. 如图 3-4-1 所示搭建网络环境，并关闭两个路由器电源，分别扩展一个异步高速串口模块（WIC-2T）。两个路由器之间使用 V.35 的同步线缆连接，RouterA 的 S0/1 口连接的是 DCE 端，RouterB 的 S0/1 口连接的是 DTE 端。在模拟器中，路由器和 PC 之间使用交叉线连接，使用直连线不通，真实设备中可以使用直连线连接，设置两台 PC 的地址和网关。

2. 配置 RouterA 和 RouterB 的 F0/0 口地址与 S0/1 口地址。在 RouterA 的 S0/1 口上配置同步时钟为 64000。查看 RouterA 和 RouterB 的路由表，测试 4 台设备的连通性，总

结并说明原因。

3. 在 RouterA 上配置 OSPF 路由协议，在 RouterB 上配置 OSPF 路由协议。再次查看 RouterA 和 RouterB 的路由表。测试 4 台设备的连通性（应该全通）。总结并说明原因。

4. 增加一台三层交换机 SWA，按照拓扑图 3-4-2 连接三层交换机和 PC1，更改 PC1 的 IP 和网关，在三层交换机上设置 VLAN10 和 VLAN50，并把 F0/23-24 端口划分到 VLAN10 中，把 F0/1-10 端口划分到 VLAN50 中，并对 VLAN10 和 VLAN50 设置如下地址（SVI 接口地址）。

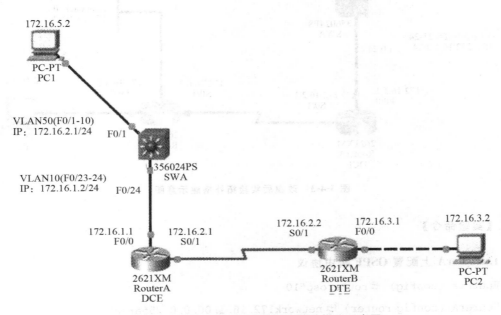

图 3-4-2 增加一台三层交换机的拓扑搭建示意图

5. 在 SWA 上开启三层交换机路由功能，并配置 OSPF 路由协议，查看 SWA、RouterA 和 RouterB 的路由表。测试所有设备的连通性（应该全通），感受三层交换机的路由功能。

6. 在 RouterB 上创建本地环回接口 Loopback0，地址设为 172.16.4.1/24。在三层交换机 SW 上设置 F0/16 端口的地址为 172.16.6.1/24（需开启端口的三层路由功能），并连接 PC3，地址设为 172.16.6.2/24。改建后的拓扑如图 3-4-3 所示。

7. 在三层交换机和路由器 B 上增加直连网段的申明。然后再次查看 SWA、RouterA 和 RouterB 的路由表。测试所有设备的连通性（应该全通），感受三层交换机的端口地址和 SVI 地址形成的路由功能，感受虚拟接口 Loopback 形成的路由功能。

8. 最后把配置以及 ping 的结果截图打包，以"学号姓名"为文件名，提交作业。

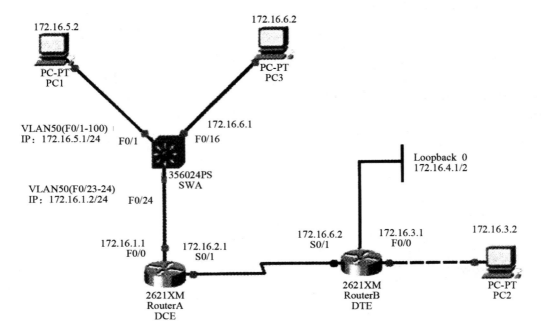

图 3-4-3　改建后实验拓扑搭建示意图

【实验命令】

1. RouterA 上配置 OSPF 路由协议

RouterA (config) #routerospf10

RourerA (config-router) #network172.16.1.00.0.0.255area0

RouterA (config-router) #network172.16.2.00.0.0.255area0

2. RouterB 上配置 OSPF 路由协议

RouterB (config) #routerospf20

RouterB (config-router) #network172.16.2.00.0.0.255area0

RouterB (config-router) #network172.16.300.0.0.255area0

3. OSPF 相关诊断命令

(1) showipprotocol

(2) showiproute

(3) showipospfneighbor

(4) showipospfneighbordetail

(5) showipospfdatabase

(6) showipospfinterface

4. 在 SWA 上开启三层交换机路由功能,并配置 OSPF 路由协议

SWA(config)#iprouting
SWA(config)#routerospf30
SWA(config-router)#network172.16.1.00.0.0.255area0
SWA(config-router)#network172.16.5.00.0.0.255area0

5. 在 RouterB 上创建本地环回接口 Loopback0,地址设为 172.16.4.1/24

RouterB(config)#interfaceloopback0
RouterB(config-if)#ipaddress172.16.4.1255.255.255.0

6. 在三层交换机 SWA 上设置 F0/16 端口的地址为 172.16.6.1/24

SWA(config)#interfacerangefastethernet0/16
SWA(config-if)#noswitchport(开启端口的三层路由功能)
SWA(config-if)#ipaddress172.16.6.1255.255.255.0
SWA(config-if)#noshutdown

7. 在三层交换机和 RouterB 上增加直连网段的申明

SWA(config)#routerospf30
SWA(config-router)#network172.16.6.00.0.0.255 area0
RouterB(config)#routerospf20
RouterB(config-router)#network172.16.4.0 0.0.0.255area0

8. 锐捷设备:开启 OSPF 路由协议时不需要加进程号

RouterA(config)#routerospf

【注意事项】

1. 配置三层交换机的 OSPF 路由协议时,要先开启三层交换机的路由功能。
2. 在三层交换机上对端口直接设地址时,要先进入此端口,并开启端口路由功能。
3. 网络拓扑有变化,有新的网段出现时,新申明的直接网段要放在同一个进程内,否则其他路由器会学习不到此条新的路由信息。

【配置结果】

1. SwitchA#showvlan

```
VLAN  Name       Status    Ports
---------------------------------------------------
1     default    active    F0/11,F0/12,F0/13,F0/14
                           F0/15,F0/16,F0/17,F0/18
                           F0/19,F0/20,F0/21,F0/22
                           Gig0/1,Gig0/2
10    VLAN0010   active    F0/23,F0/24
50    VLAN0050   active    F0/1,F0/2,F0/3,F0/4
                           F0/5,F0/6,F0/7,F0/8
                           F0/9,F0/10
```

2. SwitchA#showiproute

```
Codes:C-connected,S-static,I-IGRP,R-RIP,M-mobile,B-BGP
      D-EIGRP,EX-EIGRP external,O-OSPF,IA-OSPF inter area
      N1-OSPF NSSA external type 1,N2-OSPF NSSA external type 2
      E1-OSPF external type 1,E2-OSPF external type 2,E-EGP
      i-IS-IS,L1-IS-IS level-1,L2-IS-IS level-2,ia-IS-IS in-
      ter area
      *-candidate default,U-per-user static route,o-ODR
      P-periodic downloaded static route
Gateway of last resort is not set

     172.16.0.0/16 is variably subnetted,6 subnets,2 masks
C       172.16.1.0/24 is directly connected,Vlan10
O       172.16.2.0/24 [110/65] via 172.16.1.1,00:26:08,Vlan10
O       172.16.3.0/24 [110/66] via 172.16.1.1,00:26:08,Vlan10
O       172.16.4.1/32 [110/66] via 172.16.1.1,00:26:08,Vlan10
C       172.16.5.0/24 is directly connected,Vlan50
C       172.16.6.0/24 is directly connected,FastEthernet0/16
```

3. SwitchA#showipospfneighbor

```
Neighbor ID    Pri  State      Dead Time   Address       Interface
172.16.2.1     1    FULL/BDR   00:00:30    172.16.1.1    Vlan10
```

4. SwitchA#showrunning-config

```
Building configuration...
Current configuration:1662 bytes
version 12.2
no service password-encryption
hostname SwitchA
ip routing
ip ssh version 1
port-channel load-balance src-mac
interface FastEthernet0/1
 switchport access vlan 50
interface FastEthernet0/2
 switchport access vlan 50
interface FastEthernet0/3
 switchport access vlan 50
interface FastEthernet0/4
 switchport access vlan 50
interface FastEthernet0/5
 switchport access vlan 50
interface FastEthernet0/6
 switchport access vlan 50
interface FastEthernet0/7
 switchport access vlan 50
interface FastEthernet0/8
 switchport access vlan 50
interface FastEthernet0/9
 switchport access vlan 50
interface FastEthernet0/10
 switchport access vlan 50
interface FastEthernet0/11
interface FastEthernet0/12
interface FastEthernet0/13
interface FastEthernet0/14
interface FastEthernet0/15
interface FastEthernet0/16
 no switchport
 ip address 172.16.6.1 255.255.255.0
 duplex auto
 speed auto
interface FastEthernet0/17
interface FastEthernet0/18
interface FastEthernet0/19
!
interface FastEthernet0/20
interface FastEthernet0/21
interface FastEthernet0/22
interface FastEthernet0/23
 switchport access vlan 10
interface FastEthernet0/24
 switchport access vlan 10
interface GigabitEthernet0/1
interface GigabitEthernet0/2
interface Vlan1
 no ip address
```

```
   shutdown
interface Vlan10
   ip address 172.16.1.2 255.255.255.0
interface Vlan50
   ip address 172.16.5.1 255.255.255.0
router ospf 30
   log-adjacency-changes
   network 172.16.1.0 0.0.0.255 area 0
   network 172.16.5.0 0.0.0.255 area 0
   network 172.16.6.0 0.0.0.255 area 0
ip classless
line con 0
line vty 0 4
   login
end
```

5. RnuterA#showiproute

```
Codes:C-connected,S-static,I-IGRP,R-RIP,M-mobile,B-BGP
      D-EIGRP,EX-EIGRP external,O-OSPF,IA-OSPF inter area
      N1-OSPF NSSA external type 1,N2-OSPF NSSA external type 2
      E1-OSPF external type 1,E2-OSPF external type 2,E-EGP
      i-IS-IS,L1-IS-IS level-1,L2-IS-IS level-2,ia-IS-IS inter area
      *-candidate default,U-per-user static route,o-ODR
      P-periodic downloaded static route
Gateway of last resort is not set

      172.16.0.0/16 is variably subnetted,6 subnets,2 masks
C        172.16.1.0/24 is directly connected,FastEthernet0/0
C        172.16.2.0/24 is directly connected,Serial0/1
O        172.16.3.0/24 [110/65] via 172.16.2.2,00:32:15,Serial0/1
O        172.16.4.1/32 [110/65] via 172.16.2.2,00:32:15,Serial0/1
O        172.16.5.0/24 [110/2] via 172.16.1.2,00:31:40,FastEthernet0/0
O        172.16.6.0/24 [110/2] via 172.16.1.2,00:27:27,FastEthernet0/0
```

6. RouterA#showrunning-config

```
Building configuration...
Current configuration:565 bytes
version 12.2
```

```
no service password-encryption
hostname RouterA
ip ssh version 1
interface FastEthernet0/0
  ip address 172.16.1.1 255.255.255.0
  duplex auto
  speed auto
interface FastEthernet0/1
  no ip address
  duplex auto
  speed auto
  shutdown
interface Serial0/0
  no ip address
  shutdown
interface Serial0/1
  ip address 172.16.2.1 255.255.255.0
  clock rate 64000
router ospf 10
  log-adjacency-changes
  network 172.16.1.0 0.0.0.255 area 0
  network 172.16.2.0 0.0.0.255 area 0
ip classless
line con 0
line vty 0 4
  login
end
```

7. RouterB#showiproute

```
Codes:C - connected,S - static,I - IGRP,R - RIP,M - mobile,B - BGP
      D - EIGRP,EX - EIGRP external,O - OSPF,IA - OSPF inter area
      N1 - OSPF NSSA external type 1,N2 - OSPF NSSA external type 2
      E1 - OSPF external type 1,E2 - OSPF external type 2,E - EGP
      i - IS-IS,L1 - IS-IS level-1,L2 - IS-IS level-2,ia - IS-IS in-
ter area
          * - candidate default,U - per-user static route,o - ODR
          P - periodic downloaded static route
Gateway of last resort is not set
```

```
         172.16.0.0/24 is subnetted,6 subnets
O        172.16.1.0 [110/65] via 172.16.2.1,00:34:01,Serial0/1
C        172.16.2.0 is directly connected,Serial0/1
C        172.16.3.0 is directly connected,FastEthernet0/0
C        172.16.4.0 is directly connected,Loopback0
O        172.16.5.0 [110/66] via 172.16.2.1,00:33:16,Serial0/1
O        172.16.6.0 [110/66] via 172.16.2.1,00:29:13,Serial0/1
```

8. RouterB#showrunning-config

```
Building configuration...
Current configuration:643 bytes
version 12.2
no service password-encryption
hostname RouterB
ip ssh version 1
interface Loopback0
   ip address 172.16.4.1 255.255.255.0
interface FastEthernet0/0
   ip address 172.16.3.1 255.255.255.0
   duplex auto
   speed auto
interface FastEthernet0/1
   no ip address
   duplex auto
   speed auto
   shutdown
interface Serial0/0
   no ip address
   shutdown
interface Serial0/1
   ip address 172.16.2.2 255.255.255.0
router ospf 20
   log-adjacency-changes
   network 172.16.2.0 0.0.0.255 area 0
   network 172.16.3.0 0.0.0.255 area 0
   network 172.16.4.0 0.0.0.255 area 0
ip classless
line con 0
line vty 0 4
```

```
login
end
```

【技术原理】

1. OSPF 路由协议

OSPF 路由协议是一种典型的链路状态（Link-State）的路由协议，一般用于同一个路由域内。在这里，路由域是指一个自治系统（Autonomous System，AS），它是指一组通过统一的路由政策或路由协议互相交换路由信息的网络。在这个 AS 中，所有的 OSPF 路由器都维护一个相同的描述这个 AS 结构的数据库，该数据库中存放的是路由域中相应链路的状态信息，OSPF 路由器正是通过这个数据库计算出其 OSPF 路由表的。

作为一种链路状态的路由协议，OSPF 将链路状态广播数据包 LSA（Link State Advertisement）传送给在某一区域内的所有路由器，这一点与距离矢量路由协议不同。运行距离矢量路由协议的路由器是将部分或全部的路由表传递给与其相邻的路由器。

2. 数据包格式

在 OSPF 路由协议的数据包中，其数据包长为 24 个字节，包含如下 8 个字段，如 Versionnumber——定义所采用的 OSPF 路由协议的版本。

3. OSPF 基本算法

（1）SPF 算法及最短路径树。

SPF 算法是 OSPF 路由协议的基础。SPF 算法有时也被称为 Dijkstra 算法，这是因为最短路径优先算法 SPF 是 Dijkstra 发明的。SPF 算法将每一个路由器作为根（ROOT）来计算其到每一个目的地路由器的距离，每个路由器根据一个统一的数据库会计算出路由域的拓扑结构图，该结构图类似于一棵树，在 SPF 算法中，被称为最短路径树。在 OSPF 路由协议中，最短路径树的树干长度，即 OSPF 路由器至每一个目的地路由器的距离，称为 OSPF 的 Cost，其算法为：Cost$=100\times10^6/$链路带宽。

在这里，链路带宽以 bps 来表示。也就是说，OSPF 的 Cost 与链路的带宽成反比，带宽越高，Cost 越小，表示 OSPF 到目的地的距离越近。举例来说，FDDI 或快速以太网的 Cost 为 1，2M 串行链路的 Cost 为 48，10M 以太网的 Cost 为 10 等。

（2）链路状态算法。

作为一种典型的链路状态的路由协议，OSPF 还得遵循链路状态路由协议的统一算法。链路状态的算法非常简单，在这里将链路状态算法概括为以下四个步骤：

当路由器初始化或当网络结构发生变化（例如增减路由器，链路状态发生变化等）时，路由器会产生链路状态广播数据包 LSA（Link State Advertisement），该数据包里包含路由器上所有相连链路，即为所有端口的状态信息。

所有路由器会通过一种被称为刷新（Flooding）的方法来交换链路状态数据。Flooding 是指路由器将其 LSA 数据包传送给所有与其相邻的 OSPF 路由器，相邻路由器根据其接收到的链路状态信息更新自己的数据库，并将该链路状态信息转送给与其相邻的路由器，直至稳定的一个过程。

当网络重新稳定下来，也可以说当 OSPF 路由协议收敛下来时，所有的路由器会根据其各自的链路状态信息数据库计算出各自的路由表。该路由表中包含路由器到每一个可到达目的地的 Cost 以及到达该目的地所要转发的下一个路由器（next-hop）。

当网络状态比较稳定时，网络中传递的链路状态信息是比较少的，或者可以说，当网络稳定时，网络是比较安静的。这也正是链路状态路由协议区别于距离矢量路由协议的一大特点。

4. OSPF 中的 DR、BDR 和选举

（1）在一个 OSPF 网络中，选举一个路由器作为指定路由器 DR，所有其他路由器只和它交换整个网络的一些路由更新信息，再由它对邻居路由器发送更新报文，这样就可以节省网络流量。再指定一个备份指定路由器 BDR，当 DR 出现故障时，BDR 起着备份的作用，它再发挥作用，确保网络的可靠性。

（2）当一个 OSPF 路由器启动并开始搜索邻居时，它先搜寻活动的 DR 和 BDR。如果 DR 和 BDR 存在，路由器就接受它们。如果没有 BDR，就进行一次选举将拥有最高优先级的路由器选举为 BDR。如果多于一台路由器拥有相同的优先级，那么拥有最高路由器 ID 的路由器将胜出。如果没有活动的 DR，BDR 将被提升为 DR，然后再进行一次 BDR 的选举。

任务 5　OSPF 动态路由多区域配置

【学习情境】

假设某高校有两个校区，两个校区都比较大，要分别建立独立的区域，通过域间路由来实现两个校区多个子网的互通。

【学习目的】

1. 掌握 OSPF 多区域配置的技术原理。
2. 掌握 OSPF 多区域路由的配置方法和区域间路由的学习。
3. 掌握 OSPF 多区域路由的验证与测试。

【相关设备】

路由器 3 台、PC2 台、V.35 线缆 2 对、交叉线 2 根。

【实验拓扑】

拓扑如图 3-5-1 所示。

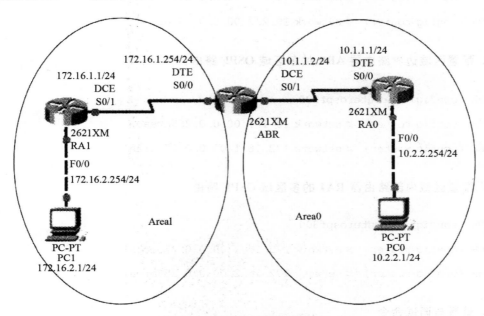

图 3-5-1 实验拓扑搭建示意图

【实验任务】

1. 如图 3-5-1 所示搭建网络环境，并对三台路由器关闭电源，分别扩展异步高速串口模块（WIC-2T）。路由器之间使用 V.35 的同步线缆连接。设置两台 PC 的地址和网关。

2. 配置 RA0、RA1 和 ABR 的各接口地址，并设置相关的同步时钟。查看三台路由器的路由表，观察直连路由是否都已经存在。

3. 配置骨干路由器 RA0 的多区域 OSPF 路由，设置区域为 Area0。

4. 配置区域边界路由器 ABR 的多区域 OSPF 路由，设置 S0/1 口的区域为 Area0，S0/0 口的区域为 Area1。

5. 配置区域内部路由器 RA1 的多区域 OSPF 路由，设置区域为 Area1。

6. 验证区域间路由的学习情况，测试所有设备是否互通。

7. 最后把配置以及 ping 的结果截图打包，以"学号姓名"为文件名，提交作业。

【实验命令】

1. 配置骨干路由器 RA0 的多区域 OSPF 路由

ABR（config）#routerospf100

ABR（config-router）#network 10.1.1.0 0.0.0.255 area 0

ABR（config-router）#network 10.2.2.0 0.0.0.255 area 0

2. 配置区域边界路由器 ABR 的多区域 OSPF 路由

ABR（config）#routerospf200

ABR（config-router）#network 10.1.1.0 0.0.0.255 area 0

ABR（config-router）#network 172.16.1.0 0.0.0.255 area 1

3. 配置区域内部路由器 RA1 的多区域 OSPF 路由

ABR（config）#routerospf300

ABR（config-router）#network 172.16.1.0 0.0.0.255 area 1

ABR（config-router）#network 172.16.2.0 0.0.0.255 area 1

4. 查看与调试命令

showiproute

showipospfneighbor

showipospfdatabase

【注意事项】

1. 注意区域边界路由器的设置与作用，观察域间路由的学习。

2. 注意 showipospfneighbor 与 showipospfdatabase 显示结果的分析。

【配置结果】

1. RA0♯showiproute

```
Codes:C - connected,S - static,I - IGRP,R - RIP,M - mobile,B - BGP
      D - EIGRP,EX - EIGRP external,O - OSPF,IA - OSPF inter area
      N1 - OSPF NSSA external type 1,N2 - OSPF NSSA external type 2
      E1 - OSPF external type 1,E2 - OSPF external type 2,E - EGP
      i - IS - IS,L1 - IS - IS level - 1,L2 - IS - IS level - 2,ia - IS - IS in-
ter area
         * - candidate default,U - per - user static route,o - ODR
         P - periodic downloaded static route
Gateway of last resort is not set

     10.0.0.0/24 is subnetted,2 subnets
C       10.1.1.0 is directly connected,Serial0/0
C       10.2.2.0 is directly connected,FastEthernet0/0
     172.16.0.0/24 is subnetted,2 subnets
O IA    172.16.1.0 [110/128] via 10.1.1.2,00:11:37,Serial0/0
O IA    172.16.2.0 [110/129] via 10.1.1.2,00:11:27,Serial0/0
```

2. ABR♯showiproute

```
Codes:C - connected,S - static,I - IGRP,R - RIP,M - mobile,B - BGP
      D - EIGRP,EX - EIGRP external,O - OSPF,IA - OSPF inter area
      N1 - OSPF NSSA external type 1,N2 - OSPF NSSA external type 2
      E1 - OSPF external type 1,E2 - OSPF external type 2,E - EGP
      i - IS - IS,L1 - IS - IS level - 1,L2 - IS - IS level - 2,ia - IS - IS in-
ter area
         * - candidate default,U - per - user static route,o - ODR
         P - periodic downloaded static route
Gateway of last resort is not set

     10.0.0.0/24 is subnetted,2 subnets
C       10.1.1.0 is directly connected,Serial0/1
O       10.2.2.0 [110/65] via 10.1.1.1,00:14:36,Serial0/1
     172.16.0.0/24 is subnetted,2 subnets
C       172.16.1.0 is directly connected,Serial0/0
O       172.16.2.0 [110/65] via 172.16.1.1,00:14:31,Serial0/0
```

3. RA1♯showiproute

```
Codes:C - connected,S - static,I - IGRP,R - RIP,M - mobile,B - BGP
      D - EIGRP,EX - EIGRP external,O - OSPF,IA - OSPF inter area
      N1 - OSPF NSSA external type 1,N2 - OSPF NSSA external type 2
      E1 - OSPF external type 1,E2 - OSPF external type 2,E - EGP
      i - IS - IS,L1 - IS - IS level -1,L2 - IS - IS level -2,ia - IS - IS in-
ter area
      * - candidate default,U - per - user static route,o - ODR
      P - periodic downloaded static route
Gateway of last resort is not set

     10.0.0.0/24 is subnetted,2 subnets
O IA    10.1.1.0 [110/128] via 172.16.1.254,00:14:58,Serial0/1
O IA    10.2.2.0 [110/129] via 172.16.1.254,00:14:58,Serial0/1
     172.16.0.0/24 is subnetted,2 subnets
C       172.16.1.0 is directly connected,Serial0/1
C       172.16.2.0 is directly connected,FastEthernet0/0
```

4. ABR♯showipospfdatabase（查看数据库中列出的所有路由器 LSA 通告）

```
         OSPF Router with ID  (172.16.1.254)  (Process ID 200)

         Router Link States(Area 0)
Link ID         ADV Router      Age     Seq#           Checksum Link count
172.16.1.254    172.16.1.254    81      0x80000003     0x00feff 2
10.2.2.254      10.2.2.254      81      0x80000004     0x00feff 3

         Summary Net Link States(Area 0)
Link ID         ADV Router      Age     Seq#           Checksum
172.16.1.0      172.16.1.254    77      0x80000003     0x00fc01
172.16.2.0      172.16.1.254    72      0x80000004     0x00fc01

         Router Link States(Area 1)
Link ID         ADV Router      Age     Seq#           Checksum Link count
172.16.1.254    172.16.1.254    80      0x80000003     0x00feff 2
172.16.2.254    172.16.2.254    82      0x80000004     0x00feff 3

         Summary Net Link States(Area 1)
Link ID         ADV Router      Age     Seq#           Checksum
10.1.1.0        172.16.1.254    76      0x80000003     0x00fc01
10.2.2.0        172.16.1.254    76      0x80000004     0x00fc01
```

5. ABR#showrunning-config

```
Building configuration...
Current configuration:560 bytes
version 12.2
no service password-encryption
hostname ABR
ip ssh version 1
interface FastEthernet0/0
  no ip address
  duplex auto
  speed auto
  shutdown
interface FastEthernet0/1
  no ip address
  duplex auto
  speed auto
  shutdown
interface Serial0/0
  ip address 172.16.1.254 255.255.255.0
interface Serial0/1
  ip address 10.1.1.2 255.255.255.0
  clock rate 64000
router ospf 200
  log-adjacency-changes
  network 10.1.1.0 0.0.0.255 area 0
  network 172.16.1.0 0.0.0.255 area 1
ip classless
line con 0
line vty 0 4
  login
end
```

【技术原理】

1. LSA：Link-State Advertisement（链路状态广播）是链接状态协议使用的一个分组，它包括有关邻居和通道成本的信息。被接收路由器用于维护它们的路由选择表。

2. LSDB：Link State Data Base（链路状态数据库）通过路由器间的路由信息交换，自治系统内部可以达到信息同步。

3. SPF 算法：SPF 算法是 OSPF 路由协议的基础。有时也被称为 Dijkstra 算法，这是因为最短路径优先算法 SPF 是 Dijkstra 发明的。SPF 算法将每一个路由器作为根（ROOT）来计算其到每一个目的地路由器的距离，每一个路由器根据一个统一的数据库会计算出路由域的拓扑结构图，该结构图类似于一棵树，在 SPF 算法中，被称为最短路径树。

练习题

1. 工程师在用户现场对一台处于出厂状态的锐捷 RSR20 系列路由器进行上架前的初始化配置，如何对该路由器进行初始化配置？

2. 工程项目验收前，工程师使用 tftp 备份一台设备的配置文件和系统镜像时，发现在传输过程中出现丢包现象。由于 tftp 基于不可靠的 UDP 协议，工程师是否需要对该设备的配置文件和系统进行重新备份，直至没有丢包现象为止，为什么？

3. 使用单臂路由技术主要解决的是路由器的什么问题？

4. 在 RG-RSR20 系列路由器发出的 ping 命令后，输出显示的多个"!"代表什么？

项目四　广域网的接入知识

任务 1　广域网协议封装与 PPP 的 PAP 认证
任务 2　PPP 的 CHAP 认证
任务 3　VoIP 因特网语音协议拨号对等体实验

任务 1　广域网协议封装与 PPP 的 PAP 认证

【学习情境】

假设你是公司的网络管理员，公司为了满足不断增长的业务需求，申请了专线接入，当客户端路由器与 ISP 进行链路协商时，需要验证身份，以保证链路的安全性。也是对 ISP 进行正常的交费与后续合作的重要保证。要求链路协商时以明文的方式进行传输。

【学习目的】

1. 掌握广域网链路的多种封装形式。
2. 掌握 PPP 协议的封装与 PAP 验证配置。
3. 掌握 PAP 配置的测试方法、观察和记录测试结果。
4. 了解 PAP 以明文方式，通过两次握手完成验证的过程。

【相关设备】

路由器 2 台、V.35 线缆 1 对。

【实验拓扑】

拓扑如图 4-1-1 所示。

图 4-1-1　实验拓扑搭建示意图

【实验任务】

1. 如图 4-1-1 所示搭建网络环境，并关闭两个路由器电源，分别扩展一个异步高速串口模块（WIC-2T）。两个路由器之间使用 V.35 的同步线缆连接，RouterA 的 S0/1 口连接的是 DCE 端，RouterB 的 S0/1 口连接的是 DTE 端。配置 RouterA 和 RouterB 的 S0/1 口地址。在 RouterA 的 S0/1 口上配置同步时钟为 64000。

2. 在两个路由器的连接专线上封装广域网协议 PPP，并查看端口的显示信息，测试两个路由器之间的连通性。（封装的广域网协议还有：HDLC、X.25、Frame-relay、ATM，双方封装的协议必须相同，否则不通）

3. 在两个路由器的连接专线上建立 PPP 协议的 PAP 认证，RouterA 为被验证方，RouterB 为验证方（即密码验证协议，双方通过两次握手，完成验证过程），并测试两个路由器之间的连通性（明文方式进行密码验证，通过 PPP 的 LCP 层链路建立成功，两个路由器才可互通）。先通过 showrunning-config 来查看配置。

4. 在 RouterB 上启用 debug 命令验证配置，需要把 S0/1 进行一次 shutdown 再开启，观察和感受链路的建立和认证过程。

5. 最后把配置以及 ping 的结果截图打包，以"学号姓名"为文件名，提交作业。

【实验命令】

1. 在两个路由器的连接专线上封装广域网协议 PPP

RouterA（config）#interfaceserial0/1

RouterA（config-if）#encapsulationppp

RouterB（config）#interfaceserial0/1

RouterB（config-if）#encapsulationppp

2. 查看封装端口的显示信息

RouterA#showinterfacesserial0/1

3 在两个路由器的连接专线上建立 PPP 协议的 PAP 认证

RouterA（config）#interfaceserial0/1

RouterA（config-if）#ppppapsent-usernameRouterApassword0123

RouterB（config）#usernameRouterApassword0123

RouterB（config）#interfaceserial0/1

RouterB（config-if）#pppauthenticationpap

4. 在 RouterB 上启用 debug 命令

RouterB#debugpppauthentication
RouterB#debugpppnegotiation

5. 把 RouterB 的 S0/1 进行一次 shutdown 再开启，观察和感受链路的建立和认证过程

RouterB（config）#interfaceserial0/1
RouterB（config-if）#shutdown

显示信息如下：

```
% LINK-5-CHANGED:Interface Serial0/1,changed state to administra-
   tively down
Serial0/1 PPP:Phase is TERMINATING
Serial0/1 LCP:State is Closed

Serial0/1 PPP:Phase is DOWN
% LINEPROTO-5-UPDOWN:Line protocol on Interface Serial0/1,changed
   state to dow

RouterB(config)#interface serial 0/1
RouterB(config-if)#no shutdown
```

显示信息如下：

```
% LINK-5-CHANGED:Interface Serial0/1,changed state to up
Serial0/1 PPP:Using default call direction
Serial0/1 PPP:Treating connection as a dedicated line
Serial0/1 PPP:Phase is ESTABLISHING,Active Open
RouterB(config-if)#
Serial0/1 LCP:State is Open
Serial0/1 PAP:I AUTH-REQ id 17 len 15
Serial0/1 PAP:Authenticating peer
Serial0/1 PAP:Phase is FORWARDING,Attempting Forward
Serial0/1 PPP:Phase is FORWARDING,Attempting Forward
Serial0/1 Phase is ESTABLISHING,Finish LCP
Serial0/1 Phase is UP
% LINEPROTO-5-UPDOWN:Line protocol on Interface Serial0/1,changed
   state to up
```

【注意事项】

1. 注意两个路由器的角色,一个是客户端,一个是服务端,命令有区别,输入命令的提示符位置也不一样,客户端路由器的 PPP 用,1 和密码是进入端口输入,而服务端路由器的 PPP 用户和密码是在全局模式下输入。

2. 学会使用 debug 命令来查看和调试。本实验经常会在出现错误的时候,建立和验证不成功,端口一直在跳,停不下来。这时就要进入另一个路由器的端口进行 shutdown,把跳动的信息停下来,再详细检查出错的原因。

【配置结果】

1. RouterA♯showrunning-config

```
Building configuration...
Current configuration:504 bytes
version 12.2
no service password-encryption
hostname RouterA
ip ssh version 1
interface FastEthernet0/0
  no ip address
  duplex auto
  speed auto
  shutdown
interface FastEthernet0/1
  no ip address
  duplex auto
  speed auto
  shutdown
interface Serial0/0
  no ip address
  shutdown
interface Serial0/1
  ip address 172.16.2.1 255.255.255.0
  encapsulation ppp
  ppp pap sent-username RouterA password 0 123
  clock rate 64000
ip classless
line con 0
line vty 0 4
  login
end
```

2. RouterB#showrunning-config

```
Building configuration...

Current configuration;498 bytes
version 12.2
no service password-encryption
hostname RouterB
username RouterA password 0 123
ip ssh version 1
interface FastEthernet0/0
  no ip address
  duplex auto
  speed auto
  shutdown
interface FastEthernet0/1
  no ip address
  duplex auto
  speed auto
  shutdown
interface Serial0/0
  no ip address
  shutdown
interface Serial0/1
  ip address 172.16.2.2 255.255.255.0
  encapsulation ppp
  ppp authentication pap
ip classless
line con 0
line vty 0 4
  login
end
```

【技术原理】

1. 广域网与广域网协议

广域网（Wide Area Network，WAN）是作用距离或延伸范围较局域网大的网络，正是距离的量变引起了技术的质变，它使用与局域网不同的物理层和数据链路层协议。公用传输网络如 PSTN、帧中继、DDN 等都是广域网的实例。而为了实现 Intranet 之间的远程连接或 Intranet 接入 Internet 的目标，对广域网的掌握则侧重于如何利用公用传输网络提供的物理接口，在路由器上正确配置相应的广域网协议。至于公用传输网络本身的设备及其工作原理等，可稍作了解，不必深究。一般理解时，把远程连接的 Intranet 也包括在广域网之内。

2. 广域网协议与 OSI 参考模型的对应关系

常用的广域网协议包括点对点协议（Point-to-Point Protocol，PPP）、高级数据链路控制协议（High-Level Data Link Control，HDLC）、平衡型链路访问进程协议（Link Access Procedure Balanced，LAPB）以及帧中继协议（Frame-Relay，FR）等。这些协议与 OSI 参考模型的前一、前二或前三层相对应。

（1）物理层及其协议。

广域网的物理层及其协议定义了数据终端设备（DTE）和数据通信设备（DCE）的接口标准，如接口引脚的电气、机械特性与功能等。计算机、路由器是典型的 DTE 设备，而 MODEM、CSU/DSU 则是典型的 DCE 设备。

路由器的串口能够提供对多种广域网线路的连接。路由器作为 DTE 设备，其串口通过专用电缆连接数字通信设备 CSU/DSU，该设备再与广域网到用户的连接线路连接。换句话说，路由器的同步串口一般要通过 CSU/DSU 设备再连接广域网线路。CSU/DSU 设备主要用作接口的转换和同步传输时钟的提供。

（2）数据链路层及其协议。

广域网的数据链路层及其协议定义了数据帧的封装格式和在广域网上的传送方式，包括点对点协议（Point-to-Point Protocol，PPP）、高级数据链路控制协议（High-Level Data Link Control，HDLC）、平衡型链路访问进程协议（Link Access Procedure Balanced，LAPB）以及帧中继协议（Frame-Relay，FR）等。

PPP 协议来源于串行链路 IP 协议 SLIP，能在同步或异步串行环境下提供主机到主机、路由器到路由器的连接。PPP 主要属于数据链路层的协议，但也包括网络层三个协议：IP 控制协议、IPX 控制协议和 AT 控制协议，分别用于 IP、IPX 和苹果网络。PPP 是路由器在串行链路的点到点连接配置上常用的协议，通常除 Cisco 路由器之间的连接不首选它外，其他公司路由器之间或其他公司路由器和 Cisco 路由器之间的连接都启用 PPP 来封装数据帧。

HDLC 是国际标准化组织 ISO 定义的标准，也是用于同步或异步串行链路上的协议。由于不同的厂家对标准有不同的发展，因此，不同的厂家的 HDLC 协议是不兼容的。如 CiscoIOS 的 HDLC 就是 Cisco 公司专用的，它定义的数据帧格式和 ISO 是不一样的，二者不兼容。在 Cisco 路由器上，HDLC 是默认配置协议。HDLC 的配置十分简单，但对于 Cisco 路由器和非 Cisco 路由器之间的连接，则不能使用默认的配置而应都启用 PPP。

LAPB 是作为分组交换网络 X.25 的第二层被定义的，但也可以单独作为数据链路的

项目四 广域网的接入知识

层传输协议使用。X.25 网络所用的广域网协议称 X.25 协议,包括从物理层到网络层的多个协议。

FR 是一种高效的广域网协议,也是主要工作于数据链路层的协议。FR 是在分组交换技术基础上发展起来的一种快速分组交换技术。FR 简化了 X.25 协议的差错检测、流量控制和重传机制,提高了网络的传输速率。

(3) 网络层及其协议。

广域网协议应当具有网络层部分或能提供对其他网络层协议的支持,如 X.25 的分组层协议就对应于 OSI 参考模型的网络层协议;而 PPP 协议则使用网络控制程序协议(NCP)IPCP、IPXCP 和 ATCP 提供对网络层协议 IP、IPX 和 AppleTalk 的支持。

3. 广域网的种类

常用的广域网包括 X.25、帧中继、DDN、ISDN 和 ATM 等。

(1) 分组交换网络 X.25。

采用 X.25 的分组交换网络是一种面向连接的共享式传输服务网络,由于在 X.25 推出时的通信线路质量不好,经常出现数据丢失,即比特差错率高。为了增强可靠性,X.25 采用两层数据检验用于处理错误及丢失的数据包的重传。但这些机制的采用同时也降低了线路的效率和数据传输的速率。由于目前的通信线路质量改善,以数字光纤网络为主干的通信线路可靠性大大增强,比特差错率极低(10 以下)。X.25 协议的可靠性处理机制就显得没有必要了。

(2) 帧中继 FrameRelay。

帧中继技术是在分组交换技术的基础上发展起来的一种快速分组交换技术。帧中继协议可以认为是 X.25 协议的简化版,它去掉了 X.25 的纠错功能,把可靠性的实现交给高层协议去处理。帧中继采用面向连接的虚电路(Virtual Circuit)技术,可提供交换虚电路 SVC 和永久虚电路 PVC 服务。帧中继的主要优点是:吞吐量大,能够处理突发性数据业务;能动态、合理地分配带宽;端口可以共享,费用较低。

帧中继的主要缺点是无法保证传输质量,即可靠性较差,这也同样源自对校验机制的省略。也就是说,省略校验机制带来优点的同时,也带来缺点,但优点是主要的。

帧中继也是数据链路层的协议,最初是作为 ISDN 的接口标准提出,现通常用于 DDN 网络中,即利用 DDN 的物理线路运行帧中继协议提供帧中继服务。

(3) 数字数据网 DDN。

数字数据网是利用数字信道传输数字信号的数据传输网络,它采用电路交换方式进行数据通信,整个接续路径采用端到端的物理连接。DDN 的主要优点是信息传输延时小,可靠性和安全性高。DDN 的通信速率通常为 64b/s~2048Mb/s,当信息的传送量较大时,可根据信息量的大小选择所需要的传输速率通道。DDN 主要缺点是所占用的带宽是固定的,而且通信的传输通路是专用的,即使没有数据传送时,别人也不能使用,所以网络资源的利用率较低。

（4）综合业务数字网 ISDN。

综合业务数字网（ISDN）是指在现有的模拟电话网的基础上提供或支持包括语音通信在内的多种媒体通信服务的网络，这些媒体包括数据、传真、图像、可视电话等，是一个以综合通信业务为目的的综合数字网。

ISDN 又分为窄带综合业务数字网（N-ISDN）和宽带综合业务数字网（B-ISDN）。前者是基于电话网基础发展起来的技术；后者则采用异步传输模式（ATM）技术来实现。

ISDN 的通信速率在 64b/s～2.048Mb/s。

（5）异步传输模式 ATM。

ATM（AsynchronousTransferMode）是一种结合了电路交换和分组交换优点的网络技术，提供的带宽范围在 52Mb/s～622Mb/s，广泛适应于广域网、城域网、局域网干线之间以及主机之间的连接。ATM 是由 ATM 交换机连成的，每条通信链路独立操作，采用统计复用的快速分组交换技术，特别适用于突发式信息传输业务。它支持多媒体数据实时应用，对音、视频信号的传输延时小。

任务 2　PPP 的 CHAP 认证

【学习情境】

假设你是公司的网络管理员，公司为了满足不断增长的业务需求，申请了专线接入，当客户端路由器与 ISP 进行链路协商时，需要验证身份，以保证链路的安全性。要求链路协商时以 MD5 密文的方式进行传输。

【学习目的】

1. 掌握 PPP 协议的封装与 CHAP 验证配置。
2. 掌握 CHAP 配置的测试方法、观察和记录测试结果。
3. 了解 CHAP 三次握手，完成验证的过程。

【相关设备】

路由器 2 台、V.35 线缆 1 对。

【实验拓扑】

拓扑如图 4-2-1 所示。

图 4-2-1 实验拓扑搭建示意图

【实验任务】

1. 如图 4-2-1 所示搭建网络环境,并对两个路由器关闭电源,分别扩展一个异步高速串口模块(WIC-2T)。两个路由器之间使用 V.35 的同步线缆连接,RouterA 的 S0/1 口连接的是 DCE 端,RouterB 的 S0/1 口连接的是 DTE 端。配置 RouterA 和 RouterB 的 S0/1 口地址。在 RouterA 的 S0/1 口上配置同步时钟为 64000。

2. 在两个路由器的连接专线上封装广域网协议 PPP,并查看端口的显示信息,测试两个路由器之间的连通性。

3. 在两个路由器的连接专线上建立 PPP 协议的 CHAP 认证,RouterA 为被验证方,RouterB 为验证方(即挑战式握手验证协议,双方通过三次握手,完成验证过程),并测试两个路由器之间的连通性(以 MD5 密文方式进行密码传输和验证通过,则 PPP 的 LCP 层链路建立成功,两个路由器才可互通)。先通过 showrunning-config 来查看配置。

4. 在 RouterB 上启用 debug 命令验证配置,需要把 S0/1 进行一次 shutdown 再开启,观察和感受链路的建立和认证过程。

5. 最后把配置以及 ping 的结果截图打包,以"学号姓名"为文件名,提交作业。

【实验命令】

1. 在两个路由器的连接专线上建立 PPP 协议的 CHAP 认证

RouterA (config) #usernameRouterBpassword0123

RouterB (config) #usernameRouterApassword0123

RouterB (config) #interfaceserial0/1

RouterB (config-if) #pppauthenticationchap

2. 在 RouterB 上启用 debug 命令

RouterB#debugpppauthentication

RouterB#debugpppnegotiation

3. 把 RouterB 的 S0/1 进行一次 shutdown 再开启，观察和感受链路的建立和认证过程

RouterB（config）＃interfaceserial0/1

RouterB（config-if）＃shutdown

显示信息如下：

```
% LINK-5-CHANGED:Interface Serial0/1,changed state to administra-
    tively down
Serial0/1 PPP:Phase is TERMINATING
Serial0/1 LCP:State is Closed
Serial0/1 PPP:Phase is DOWN
% LINEPROTO-5-UPDOWN:Line protocol on Interface Serial0/1,changed
    state to dow
RouterB(config)#interface serial 0/1
RouterB(config-if)#no shutdown
```

显示信息如下：

```
% LINK-5-CHANGED:Interface Serial0/1,changed state to up
Serial0/1 PPP:Using default call direction
Serial0/1 PPP:Treating connection as a dedicated line
Serial0/1 PPP:Phase is ESTABLISHING,Active Open
RouterB(config-if)#
Serial0/1 LCP:State is Open
Serial0/1 IPCP:I CONFREQ [Closed] id 1 len 10
Serial0/1 IPCP:O CONFACK [Closed] id 1 len 10
Serial0/1 IPCP:I CONFREQ [REQsent] id 1 len 10
Serial0/1 IPCP:O CONFACK [REQsent] id 1 len 10
Serial0/1 PPP:Phase is FORWARDING,Attempting Forward
Serial0/1 Phase is ESTABLISHING,Finish LCP
Serial0/1 Phase is UP
% LINEPROTO-5-UPDOWN:Line protocol on Interface Serial0/1,changed
    state to up
```

【注意事项】

1. 注意两个路由器的角色，一个是客户端，一个是服务端，两个路由器的 PPP 用户和密码都是在全局模式下输入，都是对方的用户名和密码。

2. CHAP 是通过 MD5 密文方式进行密码传输和验证，感受与 PAP 验证的区别。

【配置结果】

1. RouterA#showrunning-config

```
Building configuration...
Current configuration:524 bytes
version 12.2
no service password-encryption
hostname RouterA
username RouterB password 0 123
ip ssh version 1
interface FastEthernet0/0
   no ip address
   duplex auto
   speed auto
   shutdown
interface FastEthernet0/1
   no ip address
   duplex auto
   speed auto
   shutdown
interface Serial0/0
   no ip address
   shutdown
interface Serial0/1
   ip address 172.16.2.1 255.255.255.0
   encapsulation ppp
   clock rate 64000
ip classless
line con 0
line vty 0 4
   login
end
```

2. RouterB#showrunning-config

```
Building configuration...
Current configuration:499 bytes
version 12.2
no service password-encryption
hostname RouterB
username RouterA password 0 123
ip ssh version 1
interface FastEthernet0/0
  no ip address
  duplex auto
  speed auto
  shutdown
interface FastEthernet0/1
  no ip address
  duplex auto
  speed auto
  shutdown
interface Serial0/0
  no ip address
  shutdown
interface Serial0/1
  ip address 172.16.2.2 255.255.255.0
  encapsulation ppp
  ppp authentication chap
ip classless
line con 0
line vty 0 4
  login
end
```

【技术原理】

1. PPP 协议：PPP 协议是用于同步或异步串行线路的协议，支持专线与拨号连接。PPP 封装的串行线路支持 CHAP 协议和 PAP 协议安全性认证。使用 CHAP 和 PAP 认证时，每个路由器通过名字来识别，并使用密码来防止未经授权的访问。

2. PPP 协议是目前使用最广泛的广域网协议，这是因为它具有以下特性：

（1）能够控制数据链路的建立；

(2) 能够对 IP 地址进行分配和使用;
(3) 允许同时采用多种网络层协议;
(4) 能够配置和测试数据链路;
(5) 能够进行错误检测;
(6) 有协商选项,能够对网络层的地址和数据压缩等进行协商。

3. PPP 协议结构,如图 4-2-2 所示。

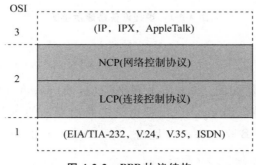

图 4-2-2　PPP 协议结构

任务 3　VoIP 因特网语音协议拨号对等体实验

【学习情境】

某公司在几个地方都有分公司,为了节约电话成本,需要在每个分公司的路由器上增加语音模块,并进行相关的语音协议配置,实现利用因特网进行内部电话的免费通信。

【学习目的】

1. 了解 VoIP 因特网语音协议的功能。
2. 掌握 VoIP 对等体实验的配置方法和技巧。

【相关设备】

路由器 2 台、V.35 线缆 1 对、电话机 2 部、电话线或网线 2 根。

【实验拓扑】

拓扑如图 4-3-1 所示。

网络设备配置与管理

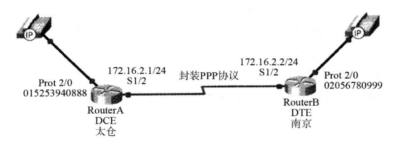

图 4-3-1 锐捷设备搭建示意图

【实验任务】

1. 使用锐捷设备搭建如图 4-3-1 所示网络环境，RouterA（模拟太仓的路由器）的 S1/2 口连接的是 DCE 端，RouterB（模拟南京的路由器）的 S1/2 口连接的是 DTE 端。配置 RouterA 和 RouterB 的 S1/2 口地址。在 RouterA 的 S1/2 口上配置同步时钟为 64000。

2. 在两个路由器的连接专线上封装广域网协议 PPP，并查看端口的显示信息，测试两个路由器之间的连通性。

3. 配置太仓路由器的语音接口：

（1）进入到 pots 拨号对等体配置模式；

（2）配置本地语音端口的电话号码为 051253940888；

（3）设置到指定的电话接口 Port2/0 上；

（4）进入到 VoIP 拨号对等体配置模式；

（5）配置对方语音端口的电话号码；

（6）指定对方的 IP 地址。

4. 配置南京路由器的语音接口：

（1）进入到 pots 拨号对等体配置模式；

（2）配置本地语音端口的电话号码 02056780999；

（3）设置到指定的电话接口 Port2/0 上；

（4）进入到 VoIP 拨号对等体配置模式；

（5）配置对方语音端口的电话号码；

（6）指定对方的 IP 地址。

5. 拨号对方电话，进行语音通信的验证。

【实验命令】

1. 配置太仓路由器的语音接口

（1）进入到 pots 拨号对等体配置模式：

RouterA（config）#dial-peervoice1pots

（2）配置本地语音端口的电话号码为051253940888：

RouterA（config-dial-peer）#destination-pattern051253940888

（3）设置到指定的电话接口Port2/0上：

RouterA（config-dial-peer）#port2/0
RouterA（config-dial-peer）#exit

（4）进入到VoIP拨号对等体配置模式：

RouterA（config）#dial-peervoice2voip

（5）配置对方语音端口的电话号码：

RouterA（config-dial-peer）#destination-pattern02056780999

（6）指定对方的IP地址：

RouterA（config-dial-peer）#sessiontargetipv4：172.16.2.2

2. 配置南京路由器的语音接口

（1）进入到pots拨号对等体配置模式：

RouterA（config）#dial-peervoice11pots

（2）配置本地语音端口的电话号码为02056780999：

RouterA（config-dial-peer）#destination-pattern02056780999

（3）设置到指定的电话接口Port2/0上：

RouterA（config-dial-peer）#port2/0
RouterA（config-dial-peer）#exit

（4）进入到VoIP拨号对等体配置模式：

RouterA（config）#dial-peervoice12voip

（5）配置对方语音端口的电话号码：

RouterA（config-dial-peer）#destination-pattern051253940888

（6）指定对方的IP地址：

RouterA（config-dial-peer）#sessiontargetipv4：172.16.2.1

【注意事项】

dial-peervoiceNumberpots/voip 命令中 Number 参数是一个合法的拨号对等体标识符，合法的取值范围为 1～2147483647，注意拨号对等体标识符不要重复。

【配置结果】

1. RouterA＃showrunning-config

```
Building configuration...
Current configuration:724 bytes
version 8.4(building 15)
hostname RouterA
no service password-encryption
interface serial 1/2
   encapsulation PPP
   ip address 172.16.2.1 255.255.255.0
   clock rate 64000
interface serial 1/3
   clock rate 64000
interface FastEthernet 1/0
   duplex auto
   speed auto
interface FastEthernet 1/1
   duplex auto
   speed auto
interface Null 0
dial-peer voice 1 pots
   destination-pattern 051253940888
   port 2/0
dial-peer voice 2 voip
   destination-pattern 02056780999
   session target ipv4:172.16.2.2
voice-port 2/0
voice-port 2/1
voice-port 2/2
voice-port 2/3
line con 0
line aux 0
line vty 0 4
   login
end
RouterA#
```

2. RouterB♯showrunning-config

```
Building configuration...
Current configuration:707 bytes
version 8.4(building 15)
hostname RouterB
no service password-encryption
interface serial 1/2
  encapsulation PPP
  ip address 172.16.2.2 255.255.255.0
interface serial 1/3
  clock rate 64000
interface FastEthernet 1/0
  duplex auto
  speed auto
interface FastEthernet 1/1
  duplex auto
  speed auto
interface Null 0
dial-peer voice 11 pots
  destination-pattern 02056780999
  port 2/0
dial-peer voice 12 voip
  destination-pattern 051253940888
  session target ipv4:172.16.2.1
voice-port 2/0
voice-port 2/1
voice-port 2/2
voice-port 2/3
line con 0
line aux 0
line vty 0 4
  login
end
```

【技术原理】

1. IP 电话的基本原理与技术

随着 Internet 的深入应用与发展，各种数据业务持续快速增长。可以预见，目前数据通信的主导技术 IP 将成为未来信息通信的基础。各种业务可由 IP 包来承载（Everything-goverIP），而 IP 信息流又可以在各种传输媒体中传送（IPover Everything），并以 IP 网为基础，最终实现数据、话音、图像业务融合和网络融合。

传统的电话网络采用模拟技术，专网专用，呼叫建立后通话双方之间的线路被独占。

所以传统电话业务的成本较高,且用户费用随距离增加而增多。

VoIP(Voiceover Internet Protocol)也称为网络电话、IP 电话、IP Phone、Internet Telephone 等,它是建立在 Internet 基础上的新型数字化传输技术,是 Internet 网上通过 TCP/IP 协议实现的一种电话应用。这种应用包括 PC 对 PC 连接、PC 对电话连接、电话对电话的连接,其业务主要有 Internet 或 Intranet 上的语音业务、传真业务(实时和存储/转发)、Web 上实现的 IVR(交互式语音应答)业务等,另外还包括 E-mail、实时电话、实时传真等多种通信业务。

(1) 基本原理。

IP 电话的基本原理是:通过语音压缩算法对语音数据进行压缩编码处理,然后把这些语音数据按 TCP/IP 标准进行打包,经过 IP 网络把数据包送至接收地,再把这些语音数据包串起来,经过解码解压处理后,恢复成原来的语音信号,从而达到由互联网传送语音的目的。

VoIP 的核心与关键设备是 IP 语音网关设备。网关具有路由管理功能,它把各地区电话区号映射为相应的地区网关 IP 地址。这些信息存放在一个数据库中,数据接续处理软件将完成呼叫处理、数字语音打包、路由管理等功能。在用户拨打长途电话时,网关根据电话区号数据库资料,确定相应网关的 IP 地址,并将此 IP 地址加入 IP 数据包,同时选择最佳路由,以减少传输时延,IP 数据包经 Internet 到达目的地的网关。在一些 Internet 尚未延伸到或暂时未设立网关的地区,可设置路由,由最近的网关通过长途电话网转接,实现通信业务。

IP 电话充分利用了数据业务交换成本低的优势,降低了每次呼叫和通话的成本。通过数据业务网络,使用语音压缩和静音抑制技术,能够提供廉价的、通话质量也还不错的电话业务。

(2) 实现 IP 电话的关键技术。

①媒体编码技术。为了节约带宽,保证语音质量,对原始语音数据必须进行高效率的压缩编码。通常采用以码本激励线性预测(CELP)原理为基础的 G.729、C.723(C.723.1)、G.711 话音压缩编码技术。话音压缩编码技术是 IP 电话技术的重要组成部分。

②话音分组传输技术。在 IP 网络传输层有两个协议:TCP 和 UDP。TCP 是面向连接的、提供高可靠性服务的协议;UDP 是无连接的、提供高效率服务的协议。高可靠性的 TCP 用于一次传输要交换大量报文的情况,高效率的 UDP 用于一次交换少量的报文或实时性要求较高的信息。通常的话音数据单元是用 UDP 分组来承载的。而且为了尽量减少时延,话音净荷通常都很短。

③控制信令技术。媒体的传输技术保证了话音的传输,而控制信令技术保证电话呼叫的顺利实现和话音质量,并且可以实现各种高级的电话业务,如类似 PSTN 上的智能网(IN)业务,综合业务数字网(ISDN)上的补充业务。目前被广泛接受的 VoIP 控制信令

体系包括 ITU 的 H.323 系列、IETF 的会话初始化协议 SIP 等。现在大部分的语音网关支持应用的协议大概分为 3 种：H323、MCCP 和 SIP 协议。

2. IP 电话的实现过程

IP 电话的实现过程涉及下列阶段：语音到数据信号的转换数据的 IP 封装打包传送 IP 数据包的拆封数字语音转换为模拟语音，如图 4-3-2 所示。

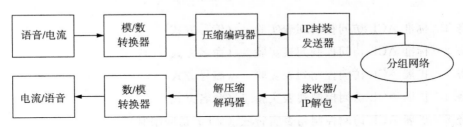

图 4-3-2　IP 电话实现过程

对数字信号进行压缩编码，IP 打包的过程以及对 IP 包进行解压还原成原始数据信号的过程，为 IP 电话的关键技术——媒体编码技术。而 IP 包在 IP 网中的数据传输过程，就是 IP 电话的另一项关键技术——话音分组传输技术。在 IP 电话中要使摘机、拨号、通话等传统电话的基本业务乃至其他增值业务能够顺利实现，则需要第三项关键技术——控制信令技术。

IP 网络与电路交换网络不同，它不形成连接，它要求把数据放在可变长的数据报或分组中，然后给每个数据报附带寻址和控制信息，并通过网络发送，一站一站地转发到目的地。所以 IP 电话相对于传统 PSTN 网络电话的缺点就在于它的实时性，怎样保证语音信号的清晰、连贯和话音的质量成为要解决的技术难点。控制信令技术中的媒体实时传输技术和业务质量保障技术为此提供了有效的保障。

练习题

1. 在 PPP 连接建立过程中，验证在什么阶段进行？
2. PPP 支持哪两种网络层协议？
3. 在 PPP 的 CHAP 验证中，敏感信息以什么的形式进行传送？

项目五　网络安全与访问控制

任务1　标准 ACL 访问控制列表实验一（编号方式）
任务2　标准 ACL 访问控制列表实验二（命名方式）
任务3　扩展 ACL 访问控制列表实验一（编号方式）
任务4　扩展 ACL 访问控制列表实验二（命名方式）
任务5　扩展 ACL 访问控制列表实验三（VTY 访问限制）

任务1　标准 ACL 访问控制列表实验一（编号方式）

【学习情境】

假设你是某公司的网络管理员，公司的销售部（172.16.1.0 网段）、经理部（172.16.2.0 网段）、财务部（172.16.4.0 网段）分别属于3个不同的网段，为了安全起见，公司领导要求销售部不能对财务部进行访问，但经理部可以对财务部进行访问。要求使用编号方式进行标准 ACL 的制定和应用。

【学习目的】

1. 了解标准访问控制列表进行网络流量的控制原理和方法。
2. 掌握编号方式标准访问控制列表的制定规则与配置方法，记忆编号的范围。
3. 掌握网段和主机在制定规则时的命令区别。
4. 掌握访问控制列表在不同端口上进行应用的区别和应用原则。

【相关设备】

路由器2台、V.35 线缆1对、PC 3台、交叉线3根。

【实验拓扑】

拓扑如图 5-1-1 所示。

项目五 网络安全与访问控制

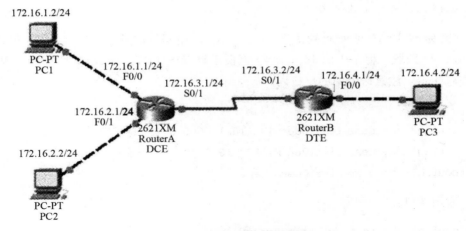

图 5-1-1 实验拓扑搭建示意图

【实验任务】

1. 如图 5-1-1 所示搭建网络环境，并关闭两个路由器电源，分别扩展一个异步高速串口模块（WIC-2T）。两个路由器之间使用 V.35 的同步线缆连接，RouterA 的 S0/1 口连接的是 DCE 端，RouterB 的 S0/1 口连接的是 DTE 端。配置 RouterA 和 RouterB 的 S0/1 口地址，在 RouterA 的 S0/1 口上配置同步时钟为 64000。配置其他端口及设备的地址，PC 要配置默认网关。

2. 在 RouterA 上配置缺省路由为 172.16.3.2；在 RouterB 上配置缺省路由为 172.16.3.1。测试所有设备之间的连通性（应该全通）。

3. 设置标准 IP 访问控制列表（编号方式），使得 172.16.2.0/24 网段可以访问 172.16.4.0/24 网段，但是 172.16.1.0/24 网段不可以访问 172.16.4.0/24 网段。查看配置和端口的状态，并测试结果（PC1pingPC3 不通，但 PC1pingPC2 通，PC2pingPC3 通）。把 PC1 的地址改成 172.16.1.3，pingPC3 也不通。

4. 删除上述 ACL，再重新设置标准 IP 访问控制列表（编号方式），使得 PC2 可以访问 PC3，但是 PC1 不可以访问 PC3。注意与上一步定义 ACL 规则时的区别，源 IP 使用主机方式指定，不是网段。查看配置和端口的状态，并测试结果。把 PC1 的地址改成 172.16.1.3，pingPC3 可以通。

5. 最后把配置以及 ping 的结果截图打包，以"学号姓名"为文件名，提交作业。

6. 使用锐捷设备（2~3 人一组）完成上面的步骤。

【实验命令】

1. 在 RouterA 上配置缺省路由为 172.16.3.2；在 RouterB 上配置缺省路由为 172.16.3.1。

R1（config）#iproute0.0.0.00.0.0.0172.16.3.2

R2（config）#iproute0.0.0.00.0.0.0172.16.3.1

2. 设置标准 IP 访问控制列表（编号方式），使得 172.16.2.0/24 网段可以访问 172.16.4.0/24 网段，但是 172.16.1.0/24 网段不可以访问 172.16.4.0/24 网段。源 IP 使用网段方式指定，注意命令中的反掩码。

（1）定义规则：

R2（config）#accass-list10deny172.16.1.00.0.0.255

R2（config）#access-list10permit172.16.2.00.0.0.255

R2（config）#access-list10permitany

（2）应用端口：

R2（config）#interfaceFastEthernet0/

R2（config-if）#ipaccess-group10out

3. 查看 ACL 配置和端口的状态。

R2#showaccess-lists 或 R2#showipaccess-lists

R2#showipinterfaceFastEthernet0/0 或 R2#showrunning-config

4. 删除指定的标准 ACL（编号方式）。

R2（config）#noaccess-list10

5. 设置标准 IP 访问控制列表（编号方式），使得 PC2 可以访问 PC3，但是 PC1 不可以访问 PC3。定义 ACL 规则时源 IP 使用主机方式指定，不是网段，注意 host 的使用，不需要反掩码。

（1）定义规则：

R2（config）#access-list10denyhost1

R2（config）#access-list10permithost172.16.2.2

R2（config）#access-list10permitany

（2）应用端口：

R2（config）#interfacefastethernet0/0

R2（config）#ipaccess-group10out

【注意事项】

1. 定义规则时，每条规则的顺序不同，其结果大不一样。所以要注意每条规则的前后顺序，如果有某条规则不符合自己的设计或要求时，要将其先 no 掉，再重新设置。

2. 按从头到尾、至顶向下的方式进行匹配：匹配成功马上停止，立刻使用该规则的"允许、拒绝……"。

项目五　网络安全与访问控制

3. 一切未被允许的就是禁止的：路由器或三层交换机缺省允许所有的信息流通过；而防火墙缺省封锁所有的信息流，然后对希望提供的服务逐项开放。

4. 定义规则时选择的路由器（或三层交换机）与应用规则时选择的端口要以保护对象最近为原则，应用的时候是入栈还是出栈要以信息是从路由器（或三层交换机）流入还是流出为判断标准。

【配置结果】

1. RouterB♯showaccess-lists（源 IP 使用网段方式指定）

```
Standard IP access list 10
    deny 172.16.1.0 0.0.0.255
    permit 172.16.2.0 0.0.0.255
permit any
```

2. RouterB♯showaccess-lists（源 IP 使用主机方式指定）

```
Standard IP access list 10
    deny host 172.16.1.2(3 match(es))
    permit host 172.16.2.2(4 match(es))
    permit any(4 match(es))
```

3. RouterB♯showrunning-config

```
Building configuration...
Current configuration:607 bytes
version 12.2
no service password-encryption
hostname RouterB
ip ssh version 1
interface FastEthernet0/0
  ip address 172.16.4.1 255.255.255.0
  ip access-group 10 out
  duplex auto
  speed auto
interface FastEthernet0/1
  no ip address
  duplex auto
  speed auto
  shutdown
interface Serial0/0
  no ip address
  shutdown
interface Serial0/1
  ip address 172.16.3.2 255.255.255.0
ip classless
ip route 0.0.0.0 0.0.0.0 172.16.3.1
access-list 10 deny host 172.16.1.2
access-list 10 permit host 172.16.2.2
access-list 10 permit any
no cdp run
line con 0
line vty 0 4
  login
end
```

【技术原理】

1. IPAccess-List

IP 访问控制列表，简称 IPACL。就是根据一定的规则对经过网络设备的数据包进行数据包的过滤。

2. 访问列表的组成

（1）定义访问列表的步骤：

第一步，定义规则（哪些数据允许通过，哪些数据不允许通过）；

第二步，将规则应用在路由器（或交换机）的接口上。

（2）访问控制列表的分类：标准访问控制列表、扩展访问控制列表。

（3）访问控制列表规则元素：源 IP、目的 IP、源端口、目的端口、协议。

3. IPACL 的基本准则

（1）一切未被允许的就是禁止的；

（2）路由器或三层交换机缺省允许所有的信息流通过，而防火墙缺省封锁所有的信息流，然后对希望提供的服务逐项开放；

（3）按规则链来进行匹配；

（4）使用源地址、目的地址、源端口、目的端口、协议、时间段进行匹配；

（5）按从头到尾、至顶向下的方式匹配，匹配成功马上停止；

（6）立刻使用该规则的"允许、拒绝……"。

4. ACL 按照其使用的范围分类，可以分为安全 ACL 和 QoSACL

对数据流进行过滤可以限制网络中的通信数据类型及限制网络的使用者或使用设备。安全 ACL 在数据流通过交换机时对其进行分类过滤，并对从指定接口输入的数据流进行检查，根据匹配条件（conditions）决定是允许其通过（permit）还是丢弃（deny）。

在安全 ACL 允许数据流通过之后，你还可以通过 QoS 策略对符合 QoSACL 匹配条件的数据流进行优先级策略处理。

总的来说，安全 ACL 用于控制哪些数据流允许从交换机通过，QoS 策略在这些允许通过的数据流中再根据 QoSACL 进行优先级分类和处理。

5. 创建编号方式标准 IP 访问列表

标准访问列表使得路由器通过对源 IP 地址的识别来控制来自某个或某一网段的主机的数据包的过滤。在全局配置模式下，标准 IP 访问列表的命令格式为：

Access-list number deny permit source-ip-address wildcard-mask

其中，number 为列表号，取值 1~99；deny | permit 为"允许或拒绝"，必选其一；

source-ip-address 为源 IP 地址或网络地址；wildcard-mask 为通配符掩码。

该命令的含义为：定义某号访问列表，允许（或拒绝）来自由 IP 地址和通配符掩码确定的某个或某网段的主机的数据通过路由器。

任务 2　标准 ACL 访问控制列表实验二（命名方式）

【学习情境】

假设你是某公司的网络管理员，公司的销售部（172.16.1.0 网段）、经理部（172.16.2.0 网段）、财务部（172.16.4.0 网段）分别属于 3 个不同的网段，为了安全起见，公司领导要求销售部不能对财务部进行访问，但经理部可以对财务部进行访问。要求使用命名方式进行标准 ACL 的制定和应用。

【学习目的】

1. 掌握命名方式标准访问控制列表的制定规则与配置方法。
2. 掌握三层交换机在标准访问控制列表的应用。

【相关设备】

三层交换机 1 台、PC3 台、直连线 3 根。

【实验拓扑】

拓扑如图 5-2-1 所示。

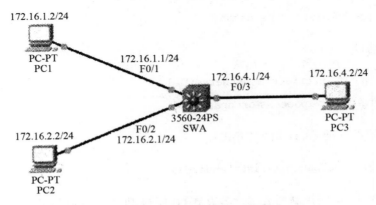

图 5-2-1　实验拓扑搭建示意图

【实验任务】

1. 如图 5-2-1 所示搭建网络环境，开启三层交换机的路由功能和对应的端口路由功能并配置地址，配置 PC 地址和默认网关。测试所有设备之间的连通性（应该全通）。

2. 设置标准 IP 访问控制列表（命名方式），使得 172.16.2.0/24 网段可以访问 172.16.4.0/24 网段，但是 172.16.1.0/24 网段不可以访问 172.16.4.0/24 网段。查看配置和端口的状态，并测试结果（PC1pingPC3 不通，但 PC1pingPC2 通）。把 PC1 的地址改成 172.16.1.3，pingPC3 也不通。

3. 删除上述 ACL，再重新设置标准 IP 访问控制列表（命名方式），使得 PC2 可以访问 PC3，但是 PC1 不可以访问 PC3。注意与上一步定义 ACL 规则时的区别，源 IP 使用主机方式指定，不是网段。查看配置和端口的状态，并测试结果。把 PC1 的地址改成 172.16.1.3，pingPC3 可以通。

4. 最后把配置以及 ping 的结果截图打包，以"学号姓名"为文件名，提交作业。

5. 使用锐捷设备（2~3 人一组）完成上面的步骤。

【实验命令】

1. 设置标准 IP 访问控制列表（命名方式），使得 172.16.2.0/24 网段可以访问 172.16.4.0/24 网段，但是 172.16.1.0/24 网段不可以访问 172.16.4.0/24 网段。源 IP 使用网段方式指定，注意命令中的反掩码。

（1）定义规则：

SWA (config) #ipaccess-liststandardaaa
SWA (config-std-nacl) #deny172.16.1.00.0.0.255
SWA (config-std-nacl) #permit172.16.2.00.0.0.255
SWA (config-std-nacl) #permitany

（2）应用端口：

SWA (config) #interfaceFastEthernet0/3
SWA (config-if) #ipaccess-groupaaaout

2. 删除指定的标准 ACL（命名方式）。

R2 (config) #noipaccess-liststandardaaa

3. 设置标准 IP 访问控制列表（命名方式），使得 PC2 可以访问 PC3，但是 PC1 不可以访问 PC3。定义 ACL 规则时源 IP 使用主机方式指定，不是网段，注意 host 的使用，不需要反掩码。

(1) 定义规则：

SWA (config) #ipaccess-liststandardaaa

SWA (config-std-nacl) #denyhost172.16.1.2

SWA (config-std-nacl) #permithost172.16.2.2

SWA (config-std-nacl) #permitany

(2) 应用端口：

SWA (config) #interfaceFastEthernet0/3

SWA (config-if) #ipaccess-groupaaaout

【注意事项】

1. 注意在三层交换上对端口设置地址，要先 noswitch 开启端口路由。

2. 注意标准 ACL 的编号方式与命名方式的命令有什么不同。注意网段与主机的命令有什么不同。

【配置结果】

1. SWA#showaccess-lists

```
Standard IP access list aaa
      deny 172.16.1.0 0.0.0.255
      permit 172.16.2.0 0.0.0.255
permit any
```

2. SWA#showaccess-lists

```
Standard IP access list aaa
      deny host 172.16.1.2
      permit host 172.16.2.2
permit any
```

3. SWA#showrunning-config

```
Building configuration...
Current configuration:1382 bytes
version 12.2
no service password-encryption
hostname SwitchA
ip ssh version 1
```

```
port-channel load-balance src-mac
interface FastEthernet0/1
  no switchport
  ip address 172.16.1.1 255.255.255.0
  duplex auto
  speed auto
interface FastEthernet0/2
  no switchport
  ip address 172.16.2.1 255.255.255.0
  duplex auto
  speed auto
interface FastEthernet0/3
  no switchport
  ip address 172.16.4.1 255.255.255.0
  ip access-group aaa out
  duplex auto
  speed auto
interface FastEthernet0/4
interface FastEthernet0/5
interface FastEthernet0/6
interface FastEthernet0/7
interface FastEthernet0/8
interface FastEthernet0/9
interface FastEthernet0/10
interface FastEthernet0/11
interface FastEthernet0/12
interface FastEthernet0/13
interface FastEthernet0/14
interface FastEthernet0/15
interface FastEthernet0/16
interface FastEthernet0/17
interface FastEthernet0/18
interface FastEthernet0/19
interface FastEthernet0/20
interface FastEthernet0/21
interface FastEthernet0/22
interface FastEthernet0/23
interface FastEthernet0/24
```

项目五 网络安全与访问控制

```
interface GigabitEthernet0/1
interface GigabitEthernet0/2
interface Vlan1
 no ip address
 shutdown
ip classless
ip access-list standard aaa
 deny host 172.16.1.2
 permit host 172.16.2.2
permit any
line con 0
line vty 0 4
 login
end
```

【技术原理】

1. 创建命名方式 StandardIPACL 的命令格式

IPaccess-liststandard {name}

deny {sourcesource-wildcard | hostsource | any}

or

permit {sourcesource-wildcard | hostsource | any}

用数字或名字来定义一条 StandardIPACL 并进入 access-list 配置模式。

在 access-list 配置模式，声明一个或多个的允许通过（permit）或丢弃（deny）的条件以用于交换机决定报文是转发还是丢弃。

hostsource 代表一台源主机，其 source-wildcard 为 0.0.0.0。

any 代表任意主机，即 source 为 0.0.0.0，source-wild 为 255.255.255.255。

2. 通配符掩码

通配符掩码的作用与子网掩码类似，与 IP 地址一起使用，以确定某个主机或某网段（或子网或超网）的所有主机。

通配符掩码也是 32b 的二进制数，与子网掩码相反，它的高位是连续的 0，低位是连续的 1。它也常用点分十进制来表示。

IP 地址与通配符掩码的作用规则是：32b 的 IP 地址与 32b 的通配符掩码逐位进行比较，通配符为 0 的位要求 IP 地址的对应位必须匹配，通配符为 1 的位所对应的 IP 地址的位不必匹配，可为 0 或 1。例如：

IP 地址 192.168.1.0 | 11000000　10101000　00000001　00000000

通配符掩码 0.0.0.255 | 00000000　00000000　00000000　11111111

该通配符掩码的前 24b 为 0，对应的 IP 地址位必须匹配，即必须保持原数值不变。该通配符掩码的后 8b 为 1，对应的 IP 地址位不必匹配，即 IP 地址的最后 8b 的值可以任取，就是说，可在 00000000～11111111 取值。换句话说，192.168.1.00.0.0.255 代表的就是 IP 地址 192.16.8.1.1～192.168.1.254 共 254 个。

又如：

IP 地址 128.32.4.16.1　　10000000　00100000　00000100　00010000

通配符掩码 0.0.0.15.1　　00000000　00000000　00000000　00001111

该通配符掩码的前 28b 为 0，要求匹配，后 4b 为 1，不必匹配。即对应的 IP 地址前 28b 的值固定不变，后 4b 的值可以改变。这样，该 IP 地址的前 24b 用点分十进制表示仍为 128.32.4，最后 8b 则为 00010000～00011111，即 16～31。

即 128.32.4.160.0.0.15 代表的是 IP 地址 128.32.4.16～128.32.4.31 共 16 个。

任务 3　扩展 ACL 访问控制列表实验一（编号方式）

【学习情境】

假设你是某公司的网络管理员，公司的网段划分如下：销售部 172.16.1.0 网段、经理部 172.16.2.0 网段、内网 WWW 和 FTP 服务器 172.16.4.2 网段，为了安全起见，公司领导要求禁止销售部 172.16.1.0/24 网段访问内网服务器的 WWW 和 FTP，但经理部不受限制。要求使用编号方式进行扩展 ACL 的制定和应用。

【学习目的】

1. 了解扩展访问控制列表进行网络流量的控制原理和方法。
2. 掌握编号方式扩展访问控制列表的制定规则与配置方法。
3. 掌握网段和主机在制定规则时的命令区别。
4. 掌握访问控制列表在不同端口上进行应用的区别和应用原则。

【相关设备】

路由器 2 台、V.35 线缆 1 对、PC2 台、交叉线 3 根、服务器 1 台。

【实验拓扑】

拓扑如图 5-3-1 所示。

项目五　网络安全与访问控制

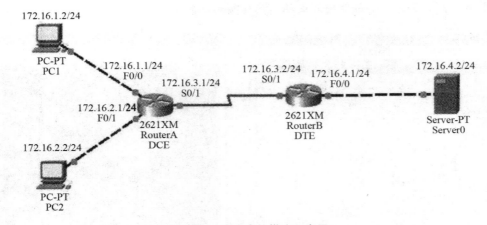

图 5-3-1　实验拓扑搭建示意图

【实验任务】

1. 如图 5-3-1 所示搭建网络环境，并关闭两个路由器电源，分别扩展一个异步高速串口模块（WIC-2T）。两个路由器之间使用 V.35 的同步线缆连接，RouterA 的 S0/1 口连接的是 DCE 端，RouterB 的 S0/1 口连接的是 DTE 端。配置 RouterA 和 RouterB 的 S0/1 口地址，在 RouterA 的 S0/1 口上配置同步时钟为 64000。配置其他端口及设备的地址，PC 要配置默认网关。

2. 查看服务器的 WWW 设置（图 5-3-2），查看服务器的 FTP 设置（图 5-3-3），可以进行个性化的修改和设置。

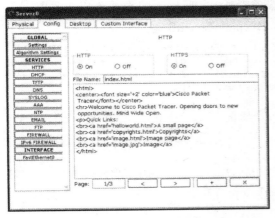

图 5-3-2　服务器的 WWW 设置截图

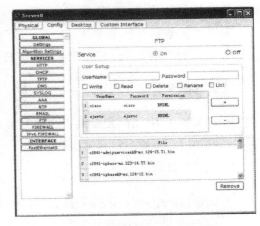

图 5-3-3　服务器的 FTP 设置截图

3. 在 RouterA 上配置缺省路由为 172.16.3.2；在 RouterB 上配置缺省路由为 172.16.3.1。测试所有设备之间的连通性（应该全通），在 PC1 和 PC2 上测试远程访问服务器的 WWW 服务，在 PC1 和 PC2 上测试远程访问服务器的 WWW 服务（图 5-3-4）和

· 127 ·

FTP 服务（图 5-3-5），要都能访问成功，这是实验的基础。

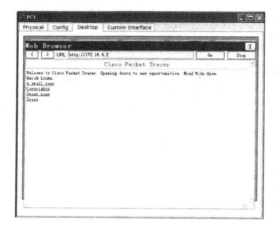

图 5-3-4 测试远程访问服务器的 WWW 服务截图

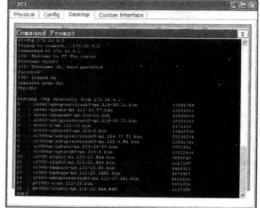

图 5-3-5 测试远程访问 FTP 服务截图

4. 设置扩展 IP 访问控制列表（编号方式），禁止 172.16.1.0/24 网段访问 172.16.4.0/24 网段的 80 和 21 端口，其他不受影响。查看配置和端口的状态，并测试结果（PC1 不能再对服务器进行 WWW 和 FTP 访问，PC1ping 服务器通，但 PC2 可以对服务器进行 WWW 和 FTP 访问，PC2ping 服务器通）。把 PC1 的地址改成 172.16.1.3，PC1 仍然不对服务器进行 WWW 和 FTP 访问，PC1ping 服务器通。

5. 删除上述扩展 ACL，再重新设置扩展 IP 访问控制列表（编号方式），禁止 PC1 主机访问 172.16.4.2/24 的 80 和 21 端口，其他不受影响。查看配置和端口的状态，并测试结果（PC1 不能再对服务器进行 WWW 和 FTP 访问，PC1ping 服务器通，但 PC2 可以对服务器进行 WWW 和 FTP 访问，PC2ping 服务器通）。把 PC1 的地址改成 172.16.1.3，PC1 可以对服务器进行 WWW 和 FTP 访问，PC1pingSwitchB 通。

6. 最后把配置以及 ping 的结果截图打包，以"学号姓名"为文件名，提交作业。

【实验命令】

1. 设置扩展 IP 访问控制列表（编号方式），禁止 172.16.1.0/24 网段访问 172.16.4.0/24 网段的 80 和 21 端口，其他不受影响。

（1）定义规则：

RouterB（config）#access-list 101 deny tcp 172.16.1.0 0.0.0.255 172.16.4.0 0.0.0.255 eqwww

RouterB（config）#access-list101 denytcp172.16.1.0 0.0.0.255 172.16.4.0 0.0.0.255 eqftp

RouterB（config）#access-list101permitipanyany

(2) 应用端口：

R2（config）#interfaceFastethernet0/0

R2（config-if）#ipaccess-group101

注意：此实验也可以在 RouterA 上定义规则，在 RouterA 的 F0/0 口进行入栈应用。

2. 重新设置扩展 IP 访问控制列表（编号方式），禁止 PC1 主机访问 172.16.4.2/24 的 80 和 21 端口，其他不受影响。

(1) 定义规则：

RouterB（config）#access-list101denytcphost172.16.1.2host 172.16.4.2eq80

RouterB（config）#access-list101denytcphost172.16.1.2host 172.16.4.2eq21

RouterB（config）#access-list101permitipanyany

(2) 应用端口：

RouterB（config）#interfaceFastEthernet0/0

RouterB（config-if）#ipaccess-group101out

【注意事项】

定义规则时，每条规则的顺序不同，其结果大不一样。所以要注意每条规则的前后顺序，有某条规则不符合自己的设计或要求时，要将其先 no 掉，再重新设置。

1. 按从头到尾、至顶向下的方式进行匹配：匹配成功马上停止，立刻使用该规则的"允许、拒绝……"。

2. 一切未被允许的就是禁止的：路由器或三层交换机缺省允许所有的信息流通过；而防火墙缺省封锁所有的信息流，然后对希望提供的服务逐项开放。

3. 定义规则时选择的路由器（或三层交换机）与应用规则时选择的端口要以保护对象最近为原则，应用的时候是入栈还是出栈要以信息是从路由器（或三层交换机）流入还是流出为判断标准。

4. 按规则链来进行匹配：使用源地址、目的地址、源端口、目的端口、协议、时间段进行匹配。

注意：如果报文在与指定接口上的 ACL 的所有 ACE 进行逐条比较后，没有任意 ACE 的匹配条件匹配该报文，则该报文将被丢弃。也就是说，任意一条 ACL 的最后都隐含了一条 denyanyany 的 ACE 表项。

【配置结果】

1. RouterA♯showiproute

```
Codes:C - connected,S - static,I - IGRP,R - RIP,M - mobile,B - BGP
      D - EIGRP,EX - EIGRP external,O - OSPF,IA - OSPF inter area
      N1 - OSPF NSSA external type 1,N2 - OSPF NSSA external type 2
      E1 - OSPF external type 1,E2 - OSPF external type 2,E - EGP
      i - IS - IS,L1 - IS - IS level - 1,L2 - IS - IS level - 2,ia - IS - IS in-
ter area
      * - candidate default,U - per - user static route,o - ODR
      P - periodic downloaded static route
Gateway of last resort is 172.16.3.2 to network 0.0.0.0
     172.16.0.0/24 is subnetted,3 subnets
C    172.16.1.0 is directly connected,FastEthernet0/0
C    172.16.2.0 is directly connected,FastEthernet0/1
C    172.16.3.0 is directly connected,Serial0/1
S*   0.0.0.0/0 [1/0] via 172.16.3.2
```

2. RouterB♯showiproute

```
RouterB#show ip route
Codes:C - connected,S - static,I - IGRP,R - RIP,M - mobile,B - BGP
      D - EIGRP,EX - EIGRP external,O - OSPF,IA - OSPF inter area
      N1 - OSPF NSSA external type 1,N2 - OSPF NSSA external type 2
      E1 - OSPF external type 1,E2 - OSPF external type 2,E - EGP
      i - IS - IS,L1 - IS - IS level - 1,L2 - IS - IS level - 2,ia - IS - IS in-
ter area
      * - candidate default,U - per - user static route,o - ODR
      P - periodic downloaded static route
Gateway of last resort is 172.16.3.1 to network 0.0.0.0
     172.16.0.0/24 is subnetted,2 subnets
C    172.16.3.0 is directly connected,Serial0/1
C    172.16.4.0 is directly connected,FastEthernet0/0
S*   0.0.0.0/0 [1/0] via 172.16.3.1
```

3. RouterB♯showaccess-lists

```
Extended IP access list 101
    deny tcp 172.16.1.0 0.0.0.255 172.16.4.0 0.0.0.255 eq www
    deny tcp 172.16.1.0 0.0.0.255 172.16.4.0 0.0.0.255 eq ftp
permit ip any any
```

4. RouterB#showaccess-lists

```
Extended IP access list 101
    deny tcp host 172.16.1.2 host 172.16.4.2 eq 80
    deny tcp host 172.16.1.2 host 172.16.4.2 eq 21
permit ip any any
```

5. RouterB#showrunning-config

```
Building configuration...
Current configuration:596 bytes
version 12.2
no service password-encryption
hostname RouterB
ip ssh version 1
interface FastEthernet0/0
  ip address 172.16.4.1 255.255.255.0
  ip access-group 101 out
  duplex auto
  speed auto
interface FastEthernet0/1
  no ip address
  duplex auto
  speed auto
interface Serial0/0
  no ip address
  shutdown
interface Serial0/1
  ip address 172.16.3.2 255.255.255.0
ip classless
ip route 0.0.0.0 0.0.0.0 172.16.3.1
access-list 101 deny tcp host 172.16.1.2 host 172.16.4.2 eq 80
access-list 101 deny tcp host 172.16.1.2 host 172.16.4.2 eq 21
access-list 101 permit ip any any
line con 0
line vty 0 4
  login
end
```

【技术原理】

扩展访问列表除了能与标准访问列表一样基于源 IP 地址对数据包进行过滤外，还可以基于目标 IP 地址，基于网络层、传输层和应用层协议或者端口号对数据包进行控制。在全局配置模式下，命令格式为：

access-list number deny | permit protocol | protocol-keyword source ip wildcard mask-destination-ip wildcard mask [other paramerers]

一条控制列表可以包含一系列检查条件。即可以用同一标识号码定义一系列 access-list 语句，路由器将从最先定义的条件开始依次检查，如果数据包满足某个语句的条件，则执行该语句；如果数据包不满足规则中的所有条件，路由器默认禁止该数据包通过，即丢掉该数据包。也可以认为，路由器在访问列表最后默认一条禁止所有数据包通过的语句。

任务 4　扩展 ACL 访问控制列表实验二（命名方式）

【学习情境】

假设你是某公司的网络管理员，公司的网段划分如下：销售部 172.16.1.0 网段、经理部 172.16.2.0 网段、内网 WWW 和 FTP 服务器 172.16.4.2 网段，为了安全起见，公司领导要求禁止销售部 172.16.1.0/24 网段访问内网 WWW 和 FTP 服务器的 Telnet 端口，但经理部不受限制。要求使用命名方式进行扩展 ACL 的制定和应用。

【学习目的】

1. 掌握命名方式扩展访问控制列表的制定规则与配置方法。
2. 巩固三层交换机的端口路由功能和在三层交换机上进行扩展 ACL 的应用。

【相关设备】

三层交换机 1 台、二层交换机 1 台（模拟外网服务器）、直连线 3 根。

【实验拓扑】

拓扑如图 5-4-1 所示。

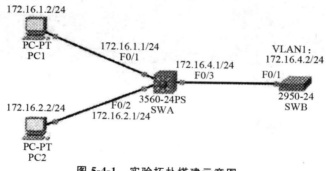

图 5-4-1　实验拓扑搭建示意图

项目五　网络安全与访问控制

【实验任务】

1. 如图 5-4-1 所示搭建网络环境，开启三层交换机的路由功能和对应的端口路由功能并配置地址，配置 PC、SWB 的地址和默认网关，设置 SWB 的远程登录密码为 wjxvtc。测试所有设备之间的连通性（应该全通）。在 PC1 和 PC2 远程登录 SWB，测试 telnet 命令及连通性。

2. 设置扩展 IP 访问控制列表（命名方式），禁止 172.16.1.0/24 网段访问 172.16.4.0/24 网段的 Telnet 端口，其他不受影响。查看配置和端口的状态，并测试结果（PC1telnetSWB 不通，PC1pingSWB 通，但 PC2telnetSWB 通，PC2pingSWB 通）。把 PC1 的地址改成 172.16.1.3，PC1telnetSWB 仍然不通，PC1pingSWB 通。

3. 删除上述扩展 ACL，再重新设置扩展 IP 访问控制列表（命名方式），禁止 PC1 主机访问 172.16.4.2/24 的 Telnet 端口，其他不受影响。查看配置和端口的状态，并测试结果（PC1telnetSWB 不通，PC1pingSWB 通，但 PC2telnetSWB 通，PC2pingSWB 通）。把 PC1 的地址改成 172.16.1.3，PC1telnetSWB 通，PC1pingSWB 通。

4. 最后把配置以及 ping 的结果截图打包，以"学号姓名"为文件名，提交作业。

5. 使用锐捷设备（2~3 人一组）完成上面的步骤，将 SWB 改成一台 PC。

【实验命令】

1. 设置扩展 IP 访问控制列表（命名方式），禁止 172.16.1.0/24 网段访问 172.16.4.0/24 网段的 Telnet 端口，其他不受影响。

（1）定义规则：

SWA（config）#ipaccess-listextendedaaa

SWA（config-ext-nacl）#denytcp172.16.1.00.0.0.255172.16.4.00.0.0.255eqtelnet

SWA（config-ext-nacl）#permitipanyany

（2）应用端口：

SWA（config）#interfaceFastEthernet0/3

SWA（config-if）#ipaccess-groupaaaout

2. 重新设置扩展 IP 访问控制列表（命名方式），禁止 PC1 主机访问 172.16.4.2/24 的 Telnet 端口，其他不受影响。

（1）定义规则：

SWA（config）#ipaccess-listextendedaaa

SWA（config-ext-nacl）#denytcphost172.16.1.2host172.16.4.2eqtelnet

SWA（config-ext-nacl）#permitipanyany

(2) 应用端口：

SWA（config）#interfaceFastEthernet0/3

SWA（config-if）#ipaccess-groupaaaout

【注意事项】

1. 测试结果 PC1pingSWB 通，但是 PC1telnetSWB 不通。

```
PC>ping 172.16.4.2

Pinging 172.16.4.2 with 32 bytes of data:

Reply from 172.16.4.2: bytes=32 time=62ms TTL=254
Reply from 172.16.4.2: bytes=32 time=62ms TTL=254
Reply from 172.16.4.2: bytes=32 time=47ms TTL=254
Reply from 172.16.4.2: bytes=32 time=63ms TTL=254

Ping statistics for 172.16.4.2:
    Packets: Sent = 4, Received = 4, Lost = 0 (0% loss),
Approximate round trip times in milli-seconds:
    Minimum = 47ms, Maximum = 63ms, Average = 58ms

PC>telnet 172.16.4.2
Trying 172.16.4.2 ...

% Connection timed out; remote host not responding
PC>
```

2. PC2pingSWB 通，PC2telnetSWB 也通。

```
PC>ping 172.16.4.2

Pinging 172.16.4.2 with 32 bytes of data:

Reply from 172.16.4.2: bytes=32 time=63ms TTL=254
Reply from 172.16.4.2: bytes=32 time=63ms TTL=254
Reply from 172.16.4.2: bytes=32 time=63ms TTL=254
Reply from 172.16.4.2: bytes=32 time=47ms TTL=254

Ping statistics for 172.16.4.2:
    Packets: Sent = 4, Received = 4, Lost = 0 (0% loss),
Approximate round trip times in milli-seconds:
    Minimum = 47ms, Maximum = 63ms, Average = 59ms

PC>telnet 172.16.4.2
Trying 172.16.4.2 ...

User Access Verification

Password:
```

【配置结果】

1. SWA#allow ip route

```
Codes:C - connected,S - static,I - IGRP,R - RIP,M - mobile,B - BGP
      D - EIGRP,EX - EIGRP external,O - OSPF,IA - OSPF inter area
      N1 - OSPF NSSA external type 1,N2 - OSPF NSSA external type 2
      E1 - OSPF external type 1,E2 - OSPF external type 2,E - EGP
i - IS - IS,L1 - IS - IS level -1,L2 - IS - IS level -2,ia - IS - IS inter area
* - candidate default,U - per - user static route,o - ODR
P - periodic downloaded static route
Gateway of last resort is not set

    172.16.0.0/24 is subnetted,3 subnets
C 172.16.1.0 is directly connected,FastEthernet0/1
C 172.16.2.0 is directly connected,FastEthernet0/2
C 172.16.4.0 is directly connected,FastEthernet0/3
```

2. SWA#showaccess-lists

```
Extended IP access list aaa
    deny tcp 172.16.1.0 0.0.0.255 172.16.4.0 0.0.0.255 eq telnet(11 match(es))
    permit ip any any(15 match(es))
```

3. SWA#showaccess-lists

```
Extended IP access list aaa
    deny tcp host 172.16.1.2 host 172.16.4.2 eq telnet(11 match(es))
    permit ip any any(15 match(es))
```

4. SWA#showrunning-config

```
Building configuration...
Current configuration:1369 bytes
version 12.2
no service password - encryption
hostname SwitchA
ip routing
ip ssh version 1
port - channel load - balance src - mac
interface FastEthernet0/1
  no switchport
  ip address 172.16.1.1 255.255.255.0
  duplex auto
  speed auto
interface FastEthernet0/2
  no switchport
  ip address 172.16.2.1 255.255.255.0
  duplex auto
  speed auto
```

```
interface FastEthernet0/3
  no switchport
  ip address 172.16.4.1 255.255.255.0
  ip access-group aql111 out
  duplex auto
  speed auto
interface FastEthernet0/4
interface FastEthernet0/5
interface FastEthernet0/6
interface FastEthernet0/7
interface FastEthernet0/8
interface FastEthernet0/9
interface FastEthernet0/10
interface FastEthernet0/11
interface FastEthernet0/12
interface FastEthernet0/13
interface FastEthernet0/14
interface FastEthernet0/15
interface FastEthernet0/16
interface FastEthernet0/17
interface FastEthernet0/18
interface FastEthernet0/19
interface FastEthernet0/20
interface FastEthernet0/21
interface FastEthernet0/22
interface FastEthernet0/23
interface FastEthernet0/24
interface GigabitEthernet0/1
interface GigabitEthernet0/2
interface Vlan1
  no ip address
  shutdown
ip classless
ip access-list extended aql111
  deny tcp host 172.16.1.2 host 172.16.4.2 eq telnet
  permit ip any any
line con 0
line vty 0 4
  login
end
```

【技术原理】

1. 创建命名方式的扩展 IP 访问控制列表

IP access-list extended {name}
{deny | permit} protocol {sourcesource-wildcard | hostsource | any}
[operatorport] {destinationdestination-wildcard | hostdestination

any〉[operatorport]

用数字或名字来定义一条 ExtendedIPACL 并进入 access-list 配置模式。

在 access-list 配置模式，声明一个或多个允许通过（permit）或丢弃（deny）的条件以用于交换机决定匹配条件的报文是转发还是丢弃。以如下方式定义 TCP 或 UDP 的目的或源端口：

（1）操作符（opreator）只能为 eq。
（2）如果操作符在 sourcesource-wildcard 之后，则报文的源端口匹配指定值时条件生效。
（3）如果操作符在 destinationdestination-wildcard 之后，则报文的目的端口匹配指定值时条件生效。
（4）Port 为 10 进制值，它代表 TCP 或 UDP 的端口号。值范围为 0～65535。
（5）protocol 可以为 IP、TCP、UDP、ICMP、ICMP 协议。

2. 补充创建 MACExtendedACL 案例

配置 MACExtendedACL 的过程与配置 IP 扩展 ACL 的配置过程是类似的。

下例显示如何创建及显示一条 MACExtendedACL，以名字 MACext 来命名之。该 MAC 扩展 ACL 拒绝所有符合指定源 MAC 地址的 aarp 报文。

Switch（config）#MACaccess-listextendedMACext
Switch（config-ext-MAC1）#denyhost00d0.f800.0000anyaarp
Switch（config-ext-MAC1）#permitanyany
Switch（config-ext-MAC1）#and
Switch#showaccess-IistsMACext
ExtendedMACaccesslistMACext
denyhost00d0.f800.0000anyaarp
permitanyany

任务 5　扩展 ACL 访问控制列表实验三（VTY 访问限制）

【学习情境】

假设你是某公司的网络管理员，公司的网段划分如下：销售部 172.16.1.0 网段、经理部 172.16.2.0 网段、内网 WWW 和 FTP 服务器 172.16.4.2 网段，为了安全起见，公司领导要求禁止销售部 172.16.1.0/24 网段访问内网 WWW 和 FTP 服务器的 Telnet 端口，但经理部不受限制。要求使用编号方式在三层交换机的 VTY 上进行标准 ACL 的应用，增强远程登录的安全性。

【学习目的】

1. 掌握命名方式扩展访问控制列表的制定规则与配置方法。
2. 巩固三层交换机的 SVI 路由功能和在三层交换机的 VTY 上进行扩展 ACL 的应用。

【相关设备】

三层交换机 1 台、二层交换机 1 台（模拟外网服务器）、直连线 3 根。

【实验拓扑】

拓扑如图 5-5-1 所示。

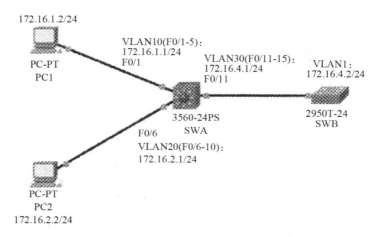

图 5-5-1　实验拓扑搭建示意图

【实验任务】

1. 如图 5-5-1 所示搭建网络环境，对三层交换机建立相应的 VLAN，加入对应端口并配置 SVI 地址，形成路由。

2. 配置 PC、SWB 的地址和默认网关，设置 SWB 的远程登录密码为 wjxvtc。测试所有设备之间的连通性（应该全通）。在 PC1 和 PC2 远程登录 SWB，测试 telnet 命令及连通性。

3. 设置扩展 IP 访问控制列表（命名方式），禁止 172.16.1.0/24 网段访问 172.16.4.0/24 网段的 Telnet 端口，其他不受影响。查看配置和端口的状态，并测试结果（PC1telnetSWB 不通，PC1pingSWB 通，但 PC2telnetSWB 通，PC2pingSWB 通）。把 PC1 的地址改成 172.16.1.3，PC1telnetSWB 仍然不通，PC1pingSWB 通。

4. 对三层交换机 SWA 配置远程登录密码为 wjxvtc，特权密码为 abcdef（加密方式）。

5. 设置标准 IP 访问控制列表（编号方式），只允许 PC1 可以对三层交换机 SWA 进行远程登录。测试结果（PC1 可以 telnetSWA，PC2 不能 telnetSWA）。

6. 最后把配置以及 ping 的结果截图打包，以"学号姓名"为文件名，提交作业。

7. 使用锐捷设备（2～3 人一组）完成上面的步骤，将 SWB 改成一台 PC。

【实验命令】

1. 对三层交换机 SWA 配置远程登录密码为 wjxvtc，特权密码为 abcdef（加密方式）

SWA（config）#linevty015

SWA（config-line）#passwordwjxvtc

SWA（config-line）#login

SWA（config-line）#exit

SWA（config）#enablesecretabcdef

2. 设置标准 IP 访问控制列表（编号方式），只允许 PC1 可以对三层交换机 SWA 进行远程登录

（1）定义规则：

SWA（config）#access-list9permithost172.16.1.2

SWA（config）#access-list9denyany

（2）应用端口：

SWA（config）#linevty015

SWA（config-line）#access-class9in

【注意事项】

1. 比较在三层交换机上进行 VLAN 地址设置和进行端口地址设置的区别和相同点。
2. 注意在三层交换机 VTY 上进行标准 ACL 应用的 access-class9in 命令。

【配置结果】

1. SWA#showiproute

```
Codes:C-connected,S-static,I-IGRP,R-RIP,M-mobile,B-BGP
      D-EIGRP,EX-EIGRP external,O-OSPF,IA-OSPF inter area
      N1-OSPF NSSA external type 1,N2-OSPF NSSA external type 2
      E1-OSPF external type 1,E2-OSPF external type 2,E-EGP
      i-IS-IS,L1-IS-IS level-1,L2-IS-IS level-2,ia-IS-IS inter area
      *-candidate default,U-per-user static route,o-ODR
      P-periodic downloaded static route
Gateway of last resort is not set
     172.16.0.0/24 is subnetted,3 subnets
C       172.16.1.0 is directly connected,Vlan10
C       172.16.2.0 is directly connected,Vlan20
C       172.16.4.0 is directly connected,Vlan30
```

2. SWB♯showrunning-config

```
Building configuration...
Current configuration:1053 bytes
version 12.1
no service password-encryption
hostname SwitchB
enable secret 5  $1 $mERr $OAZJyntnash.EflFFzcMJ1
interface FastEthernet0/1
interface FastEthernet0/2
interface FastEthernet0/3
interface FastEthernet0/4
interface FastEthernet0/5
interface FastEthernet0/6
interface FastEthernet0/7
interface FastEthernet0/8
interface FastEthernet0/9
interface FastEthernet0/10
interface FastEthernet0/11
interface FastEthernet0/12
interface FastEthernet0/13
interface FastEthernet0/14
interface FastEthernet0/15
interface FastEthernet0/16
interface FastEthernet0/17
interface FastEthernet0/18
interface FastEthernet0/19
interface FastEthernet0/20
interface FastEthernet0/21
interface FastEthernet0/22
interface FastEthernet0/23
interface FastEthernet0/24
interface GigabitEthernet1/1
interface GigabitEthernet1/2
interface Vlan1
   ip address 172.16.4.2 255.255.255.0
ip default-gateway 172.16.4.1
line con 0
line vty 0 4
   password wjxvtc
   login
line vty 5 15
   password wjxvtc
   login
end
```

3. SWA # showaccess-lists

```
Standard IP access list 9
    permit host 172.16.1.2
deny any
```

4. SWA # showrunning-config

```
Building configuration...
Current configuration:1677 bytes
version 12.2
no service password - encryption
hostname SwitchA
ip ssh version 1
port - channel load - balance src - mac
interface FastEthernet0/1
   switchport access vlan 10
interface FastEthernet0/2
   switchport access vlan 10
interface FastEthernet0/3
   switchport access vlan 10
interface FastEthernet0/4
   switchport access vlan 10
interface FastEthernet0/5
   switchport access vlan 10
interface FastEthernet0/6
   switchport access vlan 20
interface FastEthernet0/7
   switchport access vlan 20
interface FastEthernet0/8
   switchport access vlan 20
interface FastEthernet0/9
   switchport access vlan 20
interface FastEthernet0/10
```

```
 switchport access vlan 20
interface FastEthernet0/11
 switchport access vlan 30
interface FastEthernet0/12
 switchport access vlan 30
interface FastEthernet0/13
 switchport access vlan 30
interface FastEthernet0/14
 switchport access vlan 30
interface FastEthernet0/15
 switchport access vlan 30
interface FastEthernet0/16
interface FastEthernet0/17
interface FastEthernet0/18
interface FastEthernet0/19
interface FastEthernet0/20
interface FastEthernet0/21
interface FastEthernet0/22
interface FastEthernet0/23
interface FastEthernet0/24
interface GigabitEthernet0/1
interface GigabitEthernet0/2
interface Vlan1
 no ip address
 shutdown
interface Vlan10
 ip address 172.16.1.1 255.255.255.0
interface Vlan20
 ip address 172.16.2.1 255.255.255.0
interface Vlan30
 ip address 172.16.4.1 255.255.255.0
ip classless
access-list 9 permit host 172.16.1.2
access-list 9 deny any
line con 0
line vty 0 4
 access-class 9 in
 login
line vty 5 15
 access-class 9 in
end
```

项目五　网络安全与访问控制

【技术原理】

1. 补充创建基于时间的访问控制列表案例

你可以使 ACL 基于时间进行运行，比如是 ACL 在一个星期的某些时间段内生效等。为了达到这个要求，你必须首先配置一个 time-range。time-range 的实现依赖于系统时钟，如果你要使用这个功能，必须保证系统有一个可靠的时钟，比如 RTC 等。

下例说明如何在每周工作时间段内禁止 HITP 的数据流：

```
Switch (config) #time-rangeno-http
Switch (config-time-range) #periodicweekdays8：00t018：00
Switch (config) #end
Switch (config) #IPaccess-listextendedlimit_udp
Switch (config-ext-nacl) #denytcpanyanyeqwwwtime-rangeno-http
Switch (config-ext-nacl) #exit
Switch (config) #interfaceFastEthErnet0/1
Switch (config-if) #IPaccess-groupno-httpin
Switch#showtime-range
time-rangename：no-http
periodicWeekdays8：00to18：00
```

2. 补充创建 ExpertExtended 访问控制列表案例

配置 ExpertExtendedACL 的过程与配置 IP 扩展 ACL 的配置过程是类似的。下例显示如何创建及显示一条 ExpertExtendedACL，以名字 expert 来命名之。该专家 ACL 拒绝源 IP 地址为 192.168.12.3 并且源 MAC 地址为 00d0.f800.0044 的所有 TCP 报文。

```
Switch (config) #expertaccess-listextendedexpert
Switch (config-ext-MAC1) #deny tcp host 192.168.12.3 host00d0.f800.0044anyany
Switch (config-ext-MAC1) #permitanyanyanyany
Switch (config-ext-MAC1) #end
Switch#showaccess-listsexpert
Extendedexpertaccesslistexpert
denytcphost192.168.12.3host00d0.f800.0044anyany
permitanyanyanyany
```

· 143 ·

练习题

1. 标准 ACL 以什么作为判别条件？

2. RCOS 支持哪几种 ACL？

3. IP 访问控制列表分为哪两类？

4. 你的电脑中毒了，通过抓包软件，你发现本机的网卡在不断向外发目的端口为 8080 的数据包，这时如果在接入交换机上做阻止病毒的配置，则应采取什么技术？

5. 一些上网用户抱怨他们不能够发送 E-mail 了，但他们仍然能够接收新的电子邮件。那么作为管理员，首先应该检查什么？

项目六　内外网互联

任务1　动态 NAPT 配置
任务2　反向 NAT 映射
任务3　DHCP 配置（Client 与 Server 处于同一子网）
任务4　DHCP 中继代理（Client 与 Server 处于不同子网）
任务5　Wireless 无线实验

任务1　动态 NAPT 配置

【学习情境】

假设你是某公司的网络管理员，公司向 ISP 申请了一个公网 IP 地址，要求全公司的主机都能访问外网。

【学习目的】

1. 了解 NAT 进行网络地址转换的原理和工作过程。
2. 掌握通过端口进行网络地址转换的多对一映射的方法和效果。
3. 掌握动态 NAPT 配置的步骤和命令。

【相关设备】

路由器2台、V.35线缆1对、PC2台、服务器1台、三层交换机1台、直连线3根、交叉线1根。

【实验拓扑】

拓扑如图 6-1-1 所示。

【实验任务】

1. 如图 6-1-1 所示搭建网络环境，并关闭两个路由器电源，分别扩展一个异步高速串口模块（WIC-2T）。两个路由器之间使用 V.35 的同步线缆连接，RouterB 的 S0/1 口连接的是 DTE 端，RouterA 的 S0/1 口连接的是 DCE 端。配置 RouterA 和 RouterB 的 S0/1 口地址，在 RouterA 的 S0/1 口上配置同步时钟为 64000。配置其他端口及设备的地址，PC 要配置默认网关。

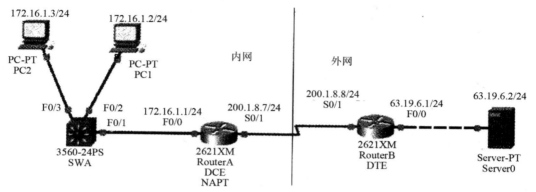

图 6-1-1　网络环境搭建拓扑图

2. 查看服务器的 WWW 和 FTP 设置，可以进行个性化的修改和设置。

3. 在 RouterA 上配置缺省路由为 200.1.8.8；测试所有设备之间的连通性（PC1 和 PC2 只能 ping 通到 200.1.8.7，ping 不通 200.1.8.8，ping 不通 63.19.6.2）。

4. 在 RouterA 配置动态 NAPT 映射：（1）定义内网接口和外网接口；（2）定义内部本地地址范围；（3）定义内部全局地址池；（4）建立映射关系。

5. 查看 NAPT 配置和测试 NAPT 结果。使 PC1 和 PC2 可以 ping 通 63.19.6.2，可以访问 63.19.6.2 服务器的 Web 和 FTP 资源。

6. 最后把配置以及 ping 的结果截图打包，以"学号姓名"为文件名，提交作业。

【实验命令】

1. 在 RouterA 配置动态 NAPT 映射

（1）定义内网接口和外网接口：

RouterA（config）# interface FastetEhernet 0/0

RouterA（config-if）# ip nat inside

RouterA（config-if）# exit

RouterA（config）# interface serial 0/1

RouterA（config-if）# ip nat outside

RouterA（config-if）# exit

（2）定义内部本地地址范围：

RouterA（config）# access-list 10 permit 172.16.1.0 0.0.0.255

(3) 定义内部全局地址池：

RouterA（config）#ipnat poolwjxvtc200.1.8.7 200.1.8.7 netmask 255.255.255.0

(4) 建立映射关系：

RouterA（config）#ipnatinsidesource list10poolwjxvtcoverload

2. 查看 NAPT 和测试 NAPT 结果

RouterA#showipnattranslations

【注意事项】

1. 注意在使用 showipnattranslations 命令时如果没有内容时，要先找一台内部 PC 对外网的服务器进行访问，然后再次测试就会有结果了。

2. 测试内容如图 6-1-2 所示，注意信息的分析。找出内部本地地址、内部全局地址、外部本地地址、外部全局地址。

```
RouterA#show ip nat translations
Pro  Inside global      Inside local       Outside local      Outside global
icmp 200.1.8.7:1        172.16.1.3:1       63.19.6.2:1        63.19.6.2:1
icmp 200.1.8.7:2        172.16.1.3:2       63.19.6.2:2        63.19.6.2:2
icmp 200.1.8.7:3        172.16.1.3:3       63.19.6.2:3        63.19.6.2:3
icmp 200.1.8.7:4        172.16.1.3:4       63.19.6.2:4        63.19.6.2:4
tcp  200.1.8.7:1025     172.16.1.2:1025    63.19.6.2:23       63.19.6.2:23
tcp  200.1.8.7:1024     172.16.1.3:1025    63.19.6.2:23       63.19.6.2:23
RouterA#
```

图 6-1-2 测试内容截图

【配置结果】

1. RouterA＞showinroute

```
Codes:C - connected,S - static,I - IGRP,R - RIP,M - mobile,B - BGP
      D - EIGRP,EX - EIGRP external,O - OSPF,IA - OSPF inter area
      N1 - OSPF NSSA external type 1,N2 - OSPF NSSA external type 2
      E1 - OSPF external type 1,E2 - OSPF external type 2,E - EGP
      i - IS - IS,L1 - IS - IS level -1,L2 - IS - IS level -2,ia - IS - IS inter area
      * - candidate default,U - per -user static route,o - ODR
      P - periodic downloaded static route
Gateway of last resort is 200.1.8.8 to network 0.0.0.0
     172.16.0.0/24 is subnetted,1 subnets
C    172.16.1.0 is directly connected,FastEthernet0/0
C    200.1.8.0/24 is directly connected,Serial0/1
S*   0.0.0.0/0 [1/0] via 200.1.8.8
```

2. RouterB # showiproute

```
Codes:C - connected,S - static,I - IGRP,R - RIP,M - mobile,B - BGP
      D - EIGRP,EX - EIGRP external,O - OSPF,IA - OSPF inter area
      N1 - OSPF NSSA external type 1,N2 - OSPF NSSA external type 2
      E1 - OSPF external type 1,E2 - OSPF external type 2,E - EGP
      i - IS - IS,L1 - IS - IS level - 1,L2 - IS - IS level - 2,ia - IS - IS in-
ter area
      * - candidate default,U - per - user static route,o - ODR
      P - periodic downloaded static route
Gateway of last resort is not set
     63.0.0.0/24 is subnetted,1 subnets
C    63.19.6.0 is directly connected,FastEthernet0/0
C    200.1.8.0/24 is directly connected,Serial0/1
```

3. RouterA # showrunning-config

```
Building configuration...
Current configuration:661 bytes
version 12.2
no service password - encryption
hostname RouterA
ip ssh version 1
interface FastEthernet0/0
   ip address 172.16.1.1 255.255.255.0
   ip nat inside
   duplex auto
   speed auto
interface FastEthernet0/1
   no ip address
   duplex auto
   speed auto
interface Serial0/0
   no ip address
   shutdown
interface Serial0/1
   ip address 200.1.8.7 255.255.255.0
   ip nat outside
   clock rate 64000
ip nat pool wjxvtc 200.1.8.7 200.1.8.7 netmask 255.255.255.0
ip nat inside source list 10 pool wjxvtc overload
ip classless
ip route 0.0.0.0 0.0.0.0 200.1.8.8
access - list 10 permit 172.16.1.0 0.0.0.255
line con 0
line vty 0 4
   login
end
```

【技术原理】

1. NAT 就是将网络地址从一个地址空间转换到另外一个地址空间的一个行为

地址转换主要是因为 Internet 地址短缺问题而提出的,利用地址转换可以使内部网络的用户访问外部网络(Internet),利用地址转换可以给内部网络提供一种"隐私"保护,同时也可以按照用户的需要提供给外部网络一定的服务,如 WWW、FTP、TELNET、SMTP、POP3 等。

地址转换技术实现的功能有上述的两个方面,一般称为"正向的地址转换"和"反向的地址转换",在正向的地址转换中,具有只转换地址 NAT 和同时转换地址和端口 NAPT 两种形式。

2. NAT 的类型

(1)静态 NAT:是建立内部本地地址和内部全局地址的一对一永久映射。当外部网络需要通过固定的全局可路由地址访问内部主机,静态 NAT 就显得十分重要。

(2)动态 NAT:是建立内部本地地址和内部全局地址池的临时映射关系,过一段时间没有用就会删除映射关系。

(3)NAPT(NetworkAddressPortTranslation)或称 PAT:转换后,多个本地地址对应一个全局 IP 地址。也分静态和动态两种。

3. NAT/NAPT 中的术语

(1)内部网络——Inside。

(2)外部网络——Outside。

(3)内部本地地址——Inside Local Address。

(4)内部全局地址——Inside Global Address。

(5)外部本地地址——Outside Local Address。

(6)外部全局地址——Outside Global Address。

Inside 表示内部网络,这些网络的地址需要被转换。在内部网络,每台主机都分配一个内部 IP 地址,但与外部网络通信时,又表现为另外一个地址。每台主机的前一个地址称为内部本地地址,后一个地址称为外部全局地址。

Outside 是指内部网络需要连接的网络,一般指互联网,也可以是另外一个机构的网络。外部的地址也可以被转换,外部主机也同时具有内部地址和外部地址。

内部本地地址(Inside Local Address),是指分配给内部网络主机的 IP 地址,该地址可能是非法的未向相关机构注册的 IP 地址,也可能是合法的私有网络地址。关于私有网络地址的详细描述,请参见"IP 地址配置"相关内容。

内部全局地址(Inside Global Address),合法的全局可路由地址,在外部网络代表着一个或多个内部本地地址。

外部本地地址（Outside Local Address），是外部网络的主机在内部网络中表现的 IP 地址，是内部可路由地址，一般不是注册的全局唯一地址。

外部全局地址（Outside Global Address），外部网络分配给外部主机的 IP 地址，该地址为全局可路由地址。

4. 地址转换和代理 Proxy 的区别

地址转换技术和地址代理技术有很类似的地方，都具有提供私有地址访问 Internet 的能力，但是两者还是有区别的，它们区别的本质是在 TCP/IP 协议栈中的位置不同，地址转换是工作在网络层，而地址代理是工作在应用层。

地址转换对各种应用是透明的，而地址代理必须在应用程序中指明代理服务器的 IP 地址。例如，使用地址转换技术访问 Web 同页，不需要在浏览器中进行任何的配置。而如果使用 Proxy 访问 Web 网页的时候，就必须在浏览器中指定 Proxy 的 IP 地址，如果 Proxy 只能支持 HTTP 协议，那么只能通过代理访问 Web 服务器，如果想使用 FTP 就不可以了。因此使用地址转换技术访问 Internet 比使用 proxy 技术具有良好的扩充性，不需要针对应用进行考虑。

但是地址转换技术很难提供基于"用户名"和"密码"的验证，在使用 proxy 的时候，可以使用验证功能使得只有通过"用户名"和"密码"验证的用户才能访问 Internet，而地址转换不能做到这一点。

5. NAT/NAPT 带来的限制

（1）影响网络速度，NAT 的应用可能会使 NAT 设备成为网络的瓶颈，随着软、硬件技术的发展，该问题已经逐渐得到改善。

（2）跟某些应用不兼容，如果一些应用在有效载荷中协商下次会话的 IP 地址和端口号，NAT 将无法对内嵌 IP 地址进行地址转换，造成这些应用不能正常运行。

（3）地址转换不能处理 IP 报头加密的报文。无法实现对 IP 端到端的路径跟踪，经过 NAT 地址转换之后，对数据包的路径跟踪将变得十分困难。

任务 2　反向 NAT 映射

【学习情境】

假设你是某公司的网络管理员，公司建设了一个网站服务器对本公司的业务和产品等进行市场宣传，要求实现外网主机能够访问内网的服务器内容。

【学习目的】

1. 了解反向 NAT 进行网络地址转换的原理和工作过程。

2. 掌握通过端口进行外网到内网地址转换的静态映射的方法和效果。

3. 掌握反向 NAT 配置的步骤和命令、反向 NAT 实验的测试与验证。

【相关设备】

路由器 2 台、V.35 线缆 1 对、PC2 台、三层交换机 1 台、二层交换机 1 台（模拟内网服务器）、直连线 3 根、交叉线 1 根。

【实验拓扑】

拓扑如图 6-2-1 所示。

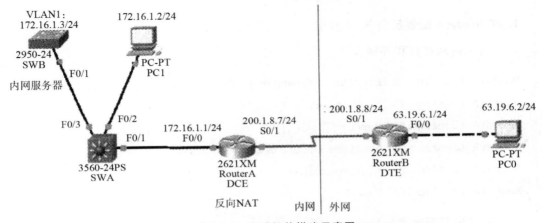

图 6-2-1 实验拓扑搭建示意图

【实验任务】

1. 如图 6-2-1 所示搭建网络环境，并关闭两个路由器电源，分别扩展一个异步高速串口模块（WIC-2T）。两个路由器之间使用 V.35 的同步线缆连接，RouterB 的 S0/1 口连接的是 DTE 端，RouterA 的 S0/1 口连接的是 DCE 端。配置 RouterA 和 RouterB 的 S0/1 口地址，在 RouterA 的 S0/1 口上配置同步时钟为 64000。配置其他端口及设备的地址，PC 要配置默认网关。

2. 配置 SWB 的管理地址为 172.16.1.3/24，默认网关为 172.16.1.1，设置远程登录密码为 wjxvtc。（模拟内网的一台服务器）

3. 在 RouterA 上配置缺省路由为 200.1.8.8；测试所有设备之间的连通性。（PC1 和 SWB 只能 ping 通到 200.1.8.7，ping 不通 200.1.8.8，ping 不通 63.19.6.2；PC0 只能 ping 通到 200.1.8.7，ping 不通 172.16.1.3）

4. 在 RouterA 配置反向 NAT 映射，实现外网主机访问内网服务器，PC0 可以访问内网的 SWB。

（1）定义内网接口和外网接口。

（2）定义内部服务器地址池。

（3）定义外部公网地址范围。

（4）将外部公网 IP 转换为内部服务器 IP。

（5）将外部公网 IP 的访问端口转换为内部服务器 IP 的端口。

5. 查看反向 NAT 配置和测试反向 NAT 结果。使 PC0 可以 ping 通 200.1.8.7，可以远程登录 200.1.8.7。

6. 最后把配置以及 ping 的结果截图打包，以"学号姓名"为文件名，提交作业。

【实验命令】

1. 在 RouterA 配置反向 NAT 映射

（1）定义内网接口和外网接口：

RouterA（config）# interface fastethernet 0/0

RouterA（config-if）# ip nat inside

RouterA（config-if）# exit

RouterA（config）# interface serial 0/1

RouterA（config-if）# ip nat outside

RouterA（config-if）# exit

（2）定义内部服务器地址池：

RouterA（config）# ip nat pool web_server 172.16.1.3 172.16.1.3 netmask 255.255.255.0

（3）定义外部公网地址范围：

RouterA（config）# access-list 3 permit host 200.1.8.7

（4）将外部公网 IP 转换为内部服务器 IP：

RouterA（config）# ip nat inside source list 3 pool web_server

（5）将外部公网 IP 的访问端口转换为内部服务器 IP 的端口：

RouterA（config）# ip nat inside source static tcp 172.16.1.3 23 200.1.8.7 23

RouterA（config）# ip nat inside source static tcp 172.16.1.3 80 200.1.8.7 80

2. 查看反向 NAT 和测试反向 NAT 结果

RouterA# show ip nat translations

【注意事项】

1. 注意服务器一定要设置网关 172.16.1.1。

2. 注意是从外网主机 PC0 对内网的公网地址 200.1.8.7 进行测试（即 telnet 200.1.8.7），而不是对 172.16.1.3 进行测试（不是 telnet172.16.1.3）。

【配置结果】

1. RouterA♯showrunning-config

```
Building configuration...
Current configuration:784 bytes
version 12.2
no service password-encryption
hostname RouterA
ip ssh version 1
interface FastEthernet0/0
  ip address 172.16.1.1 255.255.255.0
  ip nat inside
  duplex auto
  speed auto
interface FastEthernet0/1
  no ip address
  duplex auto
  speed auto
  shutdown
interface Serial0/0
  no ip address
  shutdown
interface Serial0/1
  ip address 200.1.8.7 255.255.255.0
  ip nat outside
  clock rate 64000
ip nat pool web_server 172.16.1.3 172.16.1.3 netmask 255.255.255.0
ip nat inside source list 3 pool web_server
ip nat inside source static tcp 172.16.1.3 23 200.1.8.7 23
```

```
ip nat inside source static tcp 172.16.1.3 80 200.1.8.7 80
ip classless
ip route 0.0.0.0 0.0.0.0 200.1.8.8
access-list 3 permit host 200.1.8.7
line con 0
line vty 0 4
    login
end
```

2. RouterA#showipnattranslations

```
Pro     Inside global       Inside local        Outside local       Outside global
---     172.16.1.3          200.1.8.7           ---                 ---
tcp     200.1.8.7:23        172.16.1.3:23       ---                 ---
tcp     200.1.8.7:80        172.16.1.3:80       ---                 ---
```

3. PC0>telnet200.1.8.7

```
Trying 200.1.8.7...
User Access Verification
Password:
```

【技术原理】

1. "反向的"地址转换

如果某个单位使用私有地址建立局域网，按照主机的用途，局域网内部的主机可以大致分为以下三类：

（1）只是用来办公的主机，不需要直接访问 Internet。

（2）作为办公使用的主机，在有些时候需要访问 Internet。

（3）作为资源存放用的主机，可以被 Internet 上的用户访问，例如一个 Web 服务器。

通过地址转换技术，能使这个内部局域网的所有主机（或者部分主机）可以访问 Internet（外部网络）。当内部局域网内部的主机需要访问 Internet 的时候，地址转换技术可以为这台主机分配一个临时的合法的 IP 地址，使得这台主机可以访问 Internet，因此每台内部局域网的主机不需要都拥有合法的 IP 地址就可以访问 Internet 了，这样就大大节约了合法的 IP 地址。

采用了地址转换技术的内部主机对 Internet 是不可见的，Internet 的主机就不能直接访问内部主机，当内部局域网需要给外部网络提供一定服务时，例如提供一个 WWW 服务器，可以使用地址转换提供的"内部服务器"功能。

"内部服务器"功能是一种"反向的"地址转换，普通的地址转换是提供内部网络中的主机访问外部网络的,而"内部服务器"功能提供了外部网络的主机访问内部网络中使用私有地址的主机的能力。

2. 内部服务器应用

内部服务器是一种"反向"的地址转换,内部服务器功能可以使配置了私有地址的内部主机能被外部网络访问。如图 6-2-2 所示,Web Server 是一台配置了私有地址的机器,通过地址转换提供的配置可以为这台主机映射一个合法的 IP 地址。假设是 102.210.20.20,当 Internet 上的用户访问 102.210.20.20 的时候,地址转换就将访问送到了 Server 上,这样就可以给内部网络提供一种"内部服务器"的应用,RG 路由器对内部服务器的支持可以到达端口级,允许用户按照自己的需要配置内部服务器的端口、协议,提供给外部的端口、协议。

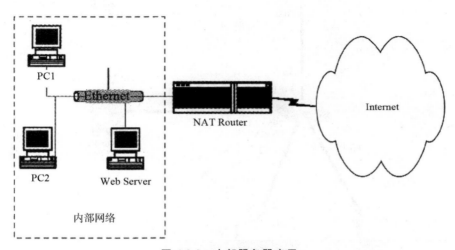

图 6-2-2 内部服务器应用

任务 3 DHCP 配置（Client 与 Server 处于同一子网）

【学习情境】

假设你是某公司的网络管理员,公司需要一台 DHCP 服务器对内网客户提供 IP 服务,要求用路由器实现此功能。

【学习目的】

1. 理解路由器进行 DHCP 服务器的原理。
2. 掌握通过路由器进行 DHCP 服务器配置的步骤。
3. 掌握 DHCP 配置服务实验的测试与验证。

【相关设备】

路由器 1 台、PC 2 台、服务器 2 台、二层交换机 1 台、直连线 4 根、交叉线 1 根。

【实验拓扑】

拓扑如图 6-3-1 所示。

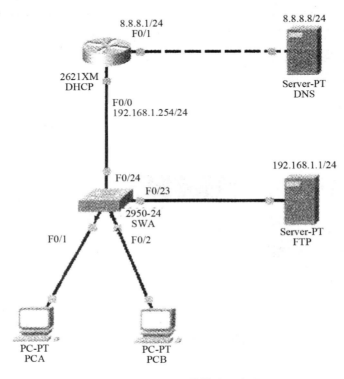

图 6-3-1 实验拓扑搭建示意图

【实验任务】

1. 如图 6-3-1 所示搭建网络环境，配置设备及端口的地址和默认网关。

2. 启用 DHCP 服务并配置动态分配参数：DHCP 的名称设置为 dynamic，可分配的动态地址为 192.168.1.0 网段，租约时间为 3 小时，排除固定地址以防止冲突。

3. 配置手工绑定参数：把 192.168.1.100 的地址绑定到 MAC 地址为 047d.7h8e.5db0 的主机上。

4. 在 PCA 与 PCB 上测试 DCHP 的服务，查看绑定信息，如图 6-3-2 所示。

5. 最后把配置以及 ping 的结果截图打包，以"学号姓名"为文件名，提交作业。

项目六 内外网互联

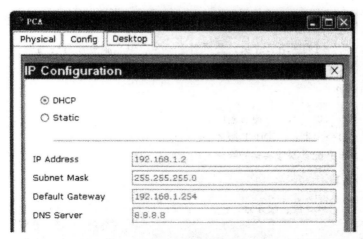

图 6-3-2 绑定信息查看截图

【实验命令】

1. 启用 DHCP 服务

DHCP（config）#servicedhcp　　//思科模拟器无此命令

2. 配置动态分配参数

DHCP（config）#ipdhcppooldynamic　　//dynamic 为 DHCP 的名称
DHCP（dhcp-config）#network192.168.1.0255.255.255.0
DHCP（dhcp-config）#default-router192.168.1.254
DHCP（dhcp-config）#lease030　　//天小时分钟//思科模拟器无此命令
DHCP（dhcp-config）#dns-server8.8.8.8
DHCP（dhcp-config）#exit
DHCP（config）#ipdhcpexcluded-address192.168.1.1
DHCP（config）#ipdhcpexcluded-address192.168.1.254

3. 配置手工绑定参数

DHCP（config）#ipdhcppoolstatic-clientB　　//思科模拟器无此命令
DHCP（dhcp-config）#host192.168.1.100255.255.255.0
DHCP（dhcp-config）#hardware-address047d.7b8e.5db0

4. 检查绑定信息

DHCP#showipdhcpbinding

DHCP#showipdhcpserverstatistics   //思科模拟器无此命令

【注意事项】

1. DCHP 服务器配置时，一定要设置网关和 DNS，保证可以正常访问外网，还要排除同定地址，以防止 IP 的冲突引起网络的不稳定。

2. 注意要先在 PCA 与 PCB 上测试 DCHP 的服务，才能查看到绑定的信息。

【配置结果】

1. DHCP#showipdhcpbinding

```
IP address      Client - ID/          Lease expiration    Type
                Hardware address
192.168.1.2     00D0.BA8C.4EC6        --                  Automatic
192.168.1.3     0030.F256.2150        --                  Automatic
```

2. DHCP#showrunning-config

```
Building configuration...
Current configuration:518 bytes
version 12.2
no service password-encryption
hostname DHCP
ip ssh version 1
interface FastEthernet0/0
 ip address 192.168.1.254 255.255.255.0
 duplex auto
 speed auto
interface FastEthernet0/1
 ip address 8.8.8.1 255.255.255.0
 duplex auto
 speed auto
ip classless
ip dhcp excluded-address 192.168.1.1
ip dhcp excluded-address 192.168.1.254
ip dhcp pool dynamic
 network 192.168.1.0 255.255.255.0
 default-router 192.168.1.254
 dns-server 8.8.8.8
line con 0
line vty 0 4
 login
end
```

【技术原理】

1. Dynamic Host Configuration Protocol（简称 DHCP）：是一种能够为网络中的主机提供 TCP/IP 配置的应用层协议。DHCP 基于 C/S 模型，Client 能够从 DHCP Server 中获取 IP 地址及其他参数（子网掩码、默认网关、DNS 等），从而降低手工配置带来的工作量和出错率。

2. DHCP 的报文类型

（1）DHCP Discover：广播发送，目的是发现网络中的 DHCP Server。所有收到 Discover 报文的 DHCP Server 都会发出响应。

（2）DHCP Offer：DHCP Server 收到 Discover 报文后，使用 Offer 向 Client 提供可用的 IP 地址及参数。目的是告知 Client 本 Server 可以为其提供 IP 地址。

（3）DHCP Request：用于向 Server 请求 IP 参数或续租。回应第一个 Offer 时，广播发送；租期 50% 时，单播发送；租期 87.5% 时，广播发送。

（4）DHCP ACK：DHCP Server 收到 Request 报文后，发送 ACK 报文作为回应，通知 Client 可以使用分配的 IP 地址以及其他参数。

（5）DHCP NAK：如果 DHCP Server 收到 Request 报文后，由于某些原因无法正常分配 IP 地址，则发送 NAK 报文作为回应，通知用户无法分配合适的 IP 地址。

（6）DHCP Release：当 Client 不再需要使用分配 IP 地址时，就会主动向 DHCP Server 发送 Release 报文，告知不再需要分配 IP 地址，DHCP Server 会释放被绑定的租约。

（7）DHCP Decline：Client 收到 DHCP ACK 后，如果发现 Server 分配的地址冲突或者由于其他原因导致不能使用，则发送 Decline 报文，通知 Server 所分配的 IP 地址不可用。

（8）DHCP Inform：Client 如果需要从 DHCP Server 获取更为详细的配置信息，则发送 Inform 报文向 Server 进行请求。Server 将根据租约进行查找，并发送 ACK 报文回应。

3. DHCP 工作流程

如图 6-3-3 所示。

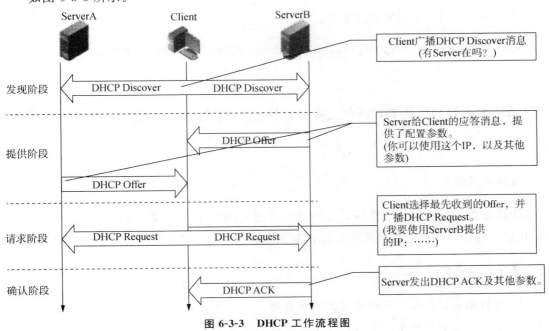

图 6-3-3　DHCP 工作流程图

4. IP 租约的更新

当到达租约长度的 50% 时，Client 向提供租约的 Server 发生 DHCP Request，要求更新现有租约。收到 Server 返回的 DHCP ACK 则更新租约。

如果 Client 无法与 Server 取得联系，则当到达租约长度的 87.5% 时，Client 广播 DHCP Request，以求更新现有 IP 地址的租约。收到任意 Server 返回的 DHCP ACK 则更新租约。

如果依然得不到 Server 的响应，则当租约过期时，Client 释放现有 IP 地址。

5. 配置 DHCP 动态分配命令与步骤

第一步：开启 DHCP 服务（若已开启，可忽略）。

Router (config) #servicedhcp

第二步：全局模式创建 DHCP 地址池。

Router (config) #ipdhcppool 地址池名称

第三步：在 DHCP 配置模式下定义地址池空间、租期、主机默认网关、DNS 等。

Router (dhcp-config) #network 网络号 掩码
Router (dhcp-config) #lease 天数 [小时数 [分钟数]]
Router (dhcp-config) #default-routerIP 地址
Router (dhcp-config) #dns-serverIP 地址

第四步：全局模式配置排除地址。

Router (config) #ipdhcpexcluded-address 起始 IP 地址 结束 IP 地址

任务 4　DHCP 中继代理（Client 与 Server 处于不同子网）

【学习情境】

假设你是某公司的网络管理员，公司需要建立 DHCP 服务器对内网多网段的客户提供 IP 地址服务，要求把路由器配置为 DHCP-Server，用三层交换机实现中继代理功能。

【学习目的】

1. 理解用三层交换机实现中继代理的原理。
2. 掌握三层交换机实现中继代理服务配置的步骤。

3. 掌握 DHCP 中继代理配置服务的测试与验证。

【相关设备】

路由器 1 台、PC2 台、服务器 2 台、三层交换机 1 台、二层交换机 1 台、直连线 4 根、交叉线 2 根。

【实验拓扑】

拓扑如图 6-4-1 所示。

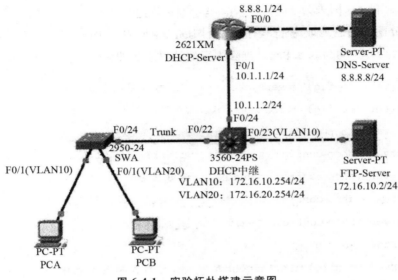

图 6-4-1 实验拓扑搭建示意图

【实验任务】

1. 如图 6-4-1 所示搭建网络环境，配置设备及端口的地址和默认网关。

2. 在三层交换机和二层交换机上分别划分 VLAN10 和 VLAN20，并建立 Trunk 链路。把相应的端口分别加入 VLAN。

3. 在路由器 DHCP-Server 上建立静态路由，指出 172.16.10.0/24 和 172.16.20.0/24 的下一跳路由，在三层交换机上建立静态路由，指出 8.8.8.0/24 的下一跳路由，使全网贯通并测试。

4. 配置 DHCP 服务器：在路由器 DHCP-Server 上配置 DHCP 服务，动态分配参数，VLAN10 的 DHCP 的名称设置为 VLAN10-DHCP，可分配的动态地址为 172.16.10.0 网段，租期为 3 小时，网关为 172.16.10.254。VLAN20 的 DHCP 的名称设置为 VLAN20-DHCP，可分配的动态地址为 172.16.20.0 网段，租期为 5 小时，网关为 172.16.20.254。内网 Client 的 DNS 均为 8.8.8.8，排除固定地址以防止冲突。

5. 配置DHCP中继代理：启用三层交换机的DHCP服务，配置DHCP服务器的地址。

6. 在PCA与PCB上测试DHCP的服务，查看绑定信息。

7. 最后把配置以及ping的结果截图打包，以"学号姓名"为文件名，提交作业。

【实验命令】

1. 配置DHCP服务器：在路由器DHCP-Server上配置DHCP服务，动态分配参数，VlAN10的DHCP的名称设置为VLAN10-DHCP，可分配的动态地址为172.16.10.0网段，租期为3小时，网关为172.16.10.254。VLAN20的DHCP的名称设置为VLAN20-DHCP，可分配的动态地址为172.16.20.0网段，租期为5小时，网关为172.16.20.254。内网Client的DNS均为8.8.8.8，排除固定地址以防止冲突。

  DHCP-Server (config) #servicedhcp   //思科模拟器无此命令
  DHCP-Server (config) #ipdhcppoolVLAN10-DHCP
  DHCP-Server (dhcp-config) #network172.16.10.0255.255.255.0
  DHCP-Server (dhcp-config) #default-router172.16.10.254
  DHCP-Server (dhcp-config) #dns-server8.8.8.8
  DHCP-Server (dhcp-config) #lease030   //思科模拟器无此命令
  DHCP-Server (dhcp-config) #exit
  DHCP-Server (config) #
  DHCP-Server (config) #servicedhcp   //思科模拟器无此命令
  DHCP-Server (config) #ipdhcppoolVLAN20-DHCP
  DHCP-Server (dhcp-config) #network172.16.20.0255.255.255.0
  DHCP-SerVer (dhcp-config) #default-router172.16.20.254
  DHCP-Server (dhcp-config) #dns-server8.8.8.8
  DHCP-Server (dhcp-config) #lease050   //思科模拟器无此命令
  DHCP-Server (dhcp-config) #exit
  DHCP-Server (config) #
  DHCP-Server (config) #ipdhcpexcluded-address172.16.10.254
  DHCP-Server (config) #ipdhcpexcluded-address172.16.10.2
  DHCP-Server (config) #ipdhcpexcluded-address172.16.20.254

2. 配置DHCP中继代理：启用三层交换机的DHCP服务，配置DHCP服务器的地址。

  L3-Switch (config) #servicedhcp   //思科模拟器无此命令

项目六　内外网互联

```
L3-Switch（config）#iphelp-address10.1.1.1    //思科模拟器无此命令
```

3. 检查绑定信息：

```
DHCP#showipdhcpbinding
DHCP#showipdhcpserverstatistics    //思科模拟器无此命令
```

【注意事项】

1. DHCP 服务器配置时，一定要设置网关和 DNS，保证可以正常访问外网。还要排除固定地址，以防止由 IP 的冲突引起网络的不稳定。

2. 注意要先在 PCA 与 PCB 上测试 DHCP 的服务，才能查看到绑定的信息。

【配置结果】

1. DHCP-Server#showipdhcpbinding

IP address	Client-ID/Hardware address	Lease expiration	Type
172.16.10.1	00D0.BA8C.4EC6	--	Automatic
172.16.20.1	0030.F256.2150	--	Automatic

2. DHCP-Server#showrunning-config

```
Building configuration...
Current configuration:856 bytes
version 12.2
no service timestamps log datetime msec
no service timestamps debug datetime msec
no service password-encryption
hostname DHCP-Server
ip dhcp excluded-address 172.16.10.254
ip dhcp excluded-address 172.16.10.2
ip dhcp excluded-address 172.16.20.254
ip dhcp pool VLAN10-DHCP
 network 172.16.10.0 255.255.255.0
 default-router 172.16.10.254
 dns-server 8.8.8.8
```

```
ip dhcp pool VLAN20 - DHCP
 network 172.16.20.0 255.255.255.0
 default - router 172.16.20.254
 dns - server 8.8.8.8
interface FastEthernet0 /0
 ip address 8.8.8.1 255.255.255.0
 duplex auto
 speed auto
interface FastEthernet0 /1
 ip address 10.1.1.1 255.255.255.0
 duplex auto
 speed auto
ip classless
ip route 172.16.10.0 255.255.255.0 10.1.1.2
ip route 172.16.20.0 255.255.255.0 10.1.1.2
line con 0
line vty 0 4
 login
end
```

【技术原理】

1. 为什么需要 DHCP 中继：当 DHCP-Client 与 DHCP-Server 处于不同子网时，Client 发出的 DHCP 报文无法到达 Server。使用 DHCP 中继，即可实现 DHCP-Client 从远程 DHCP-Server 获取 IP 地址，如图 6-4-2 所示。

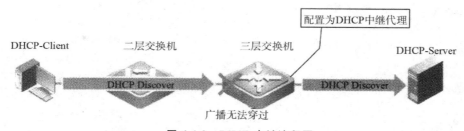

图 6-4-2 DHCP 中继流程图

2. DHCP 中继代理的工作流程：DHCP 中继代理在接收 Client 发出的 DHCP 消息后，会重新生成一个 DHCP 消息并使用单播方式转发到远程子网中的 DHCP-Server，如图 6-4-3 所示。

3. 配置中继代理的命令与步骤。

第一步：作为中继代理的设备，必须启用 DHCP 服务。

ruijie (config) #servicedhcp

第二步：配置 DHCP 服务器的地址。

```
ruijie (config-if) #iphelp-address   IP 地址
ruijie (config) #iphelp-address   IP 地址
```

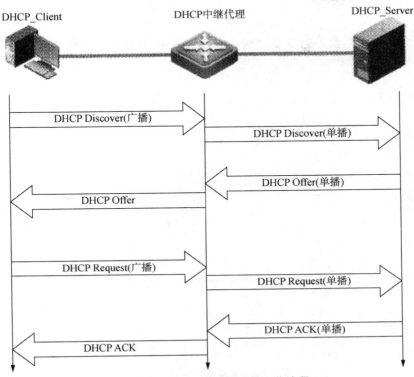

图 6-4-3 DHCP 中继代理的工作流程

中继代理首先使用接口上配置的 DHCP 服务器。注意：必须是三层接口。接口未配置 DHCP 服务器，则使用全局配置的 DHCP 服务器。

任务 5 Wireless 无线实验

【学习情境】

假设你是某公司的网络管理员，公司需要在办公楼搭建无线环境，能实现 PC、笔记本、iPod 等移动设备的无线上网，要求能访问公司的 DNS 和 WWW 服务器。

【学习目的】

1. 了解 WLAN 的工作原理。
2. 掌握 WLAN 的相关技术和理论。

3. 熟练掌握无线设备的相关设置和应用。

4. 掌握 Wireless 无线实验的测试与验证。

【相关设备】

路由器 1 台、PC2 台、服务器 2 台、三层交换机 1 台、二层交换机 1 台、直连线 4 根、交叉线 2 根。

【实验拓扑】

拓扑如图 6-5-1 所示。

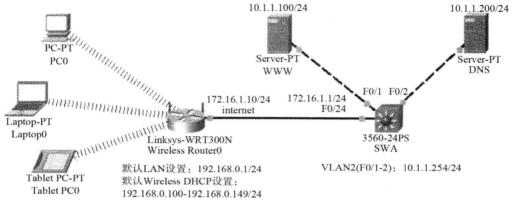

图 6-5-1　实验拓扑搭建示意图

【实验任务】

1. 如图 6-5-2 所示搭建无线网络基本拓扑，配置设备及端口的地址和默认网关，配置三层交换机 SWA 的 VLAN2 及地址。

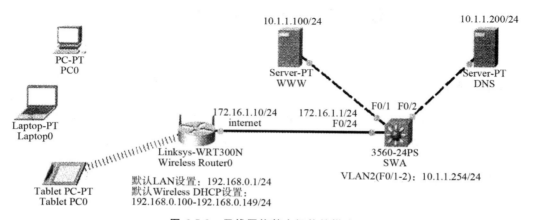

图 6-5-2　无线网络基本拓扑的搭建

Wireless Router0 的 LAN 口地址和无线 DHCP 设置有默认设置，可先不改动，先配置好 Internet 口地址、网关和 DNS。因为 Tablet PC0 是移动设备，有无线网卡，所以可以直接连在无线路由 Wireless Router0 上，并自动获取 IP 地址，如图 6-5-3 所示。从 Tablet PC0 上进行测试，可以 ping 通到 WWW 和 DNS 服务器。

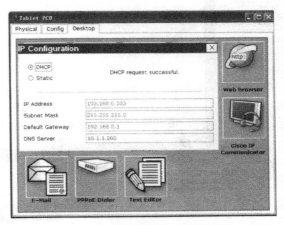

图 6-5-3　自动获取到 IP 地址截图

2. 设置或安装 PC0 和 Laptop0 笔记本的无线网卡，使它们可以连接到无线路由 Wireless Router0 上。在 Cisco Packet Tracer 模拟器上的操作步骤是把机器的电源关闭，移走有线网卡，再安装上 Linksys-WMP300N 无线上网模块，如图 6-5-4、图 6-5-5 所示。配置好后，会看到拓扑图上多了两条波线，表示已经连接到了无线路由。

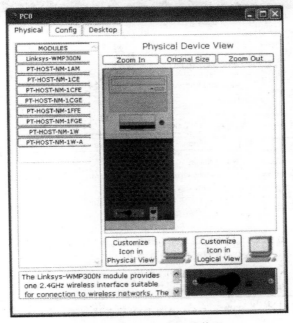

图 6-5-4　PC0 连网界面截图

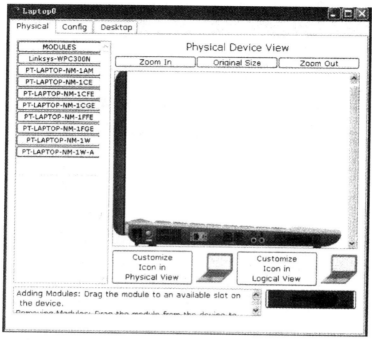

图 6-5-5　Laptop0 连网界面截图

3. 设置 DNS 服务器，添加 www 服务器 IP 的域名，如 www.wlsbpzywh.com，查看 WWW 服务器的 http 设置，如图 6-5-6 所示。

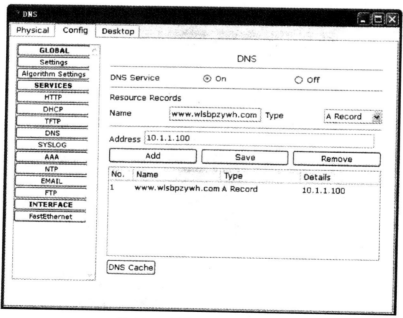

图 6-5-6　设置 DNS 服务器截图

4. 从 PC、笔记本或 iPod 上进行无线接入的上网测试，打开 Web Browser，通过域名

www.wlsbpzywh.com 访问 www 的 Web 页面，如图 6-5-7 所示。

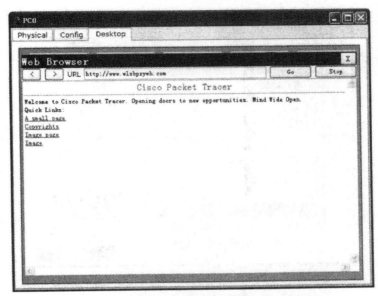

图 6-5-7　上网测试截图

5. 远程登录 Wireless Router0 路由器并查看相关设置。打开 PC、笔记本或 iPod 的 Web Browser，输入地址 http://192.168.0.1，进入登录界面，输入默认的用户名 admin 和密码 admin，如图 6-5-8 所示。

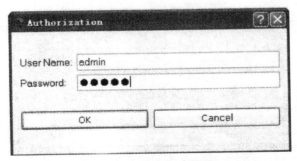

图 6-5-8　远程登陆界面

6. 对 Wireless Router0 路由器进行参数设置，以符合认证与安全的需求。

（1）设置 Network Mode 网络模式为：Wireless-N，Network Name（SSID）。无线网络显示 SSID 的名称为：WJXVTC-WLAN，选择 Channel 信道为 6，保存设置，如图 6-5-9 所示。

（2）设置无线网络安全认证：方式为 WPA2Personal，加密为 AES，密码为 wjxvtc123，保存设置，如图 6-5-10 所示。这时所有接入该无线路由的连接都已断开，说明只有输入密码才能无线接入。

（3）打开接入终端的 PC Wireless，选择 Connect，输入无线密码，再次成功登录，如图 6-5-11 所示。

图 6-5-9　设置 NetworkMode 网络模式截图

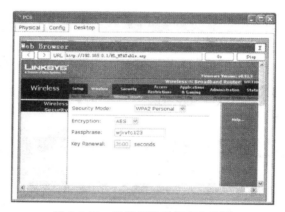

图 6-5-10　设置无线网络安全认证

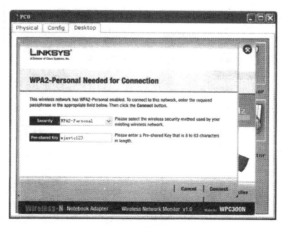

图 6-5-11　登陆成功界面

在 Link Information 中查看连接情况和接入信息。需要说明的是模拟器只支持 WEP 安全模式，如图 6-5-12 所示。

图 6-5-12　连接情况和接入信息界面

（4）更改无线路由远程登录用户 admin 的密码为：wjx123vtc！@＃，以防止他人随意登录无线路由器查看密码，进行蹭网或是更改设置，如图 6-5-13 所示。完成后进行远程登录验证。

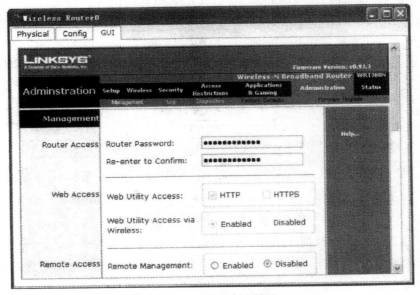

图 6-5-13　设置密码界面

7. 最后把配置以及测试结果截图打包，以"学号姓名"为文件名，提交作业。

【注意事项】

1. 当设置三层交换机 SWA 的 F0/24 口的地址时，注意要先改变该端口的属性，即要先打命令 noswitchport 才能配置地址。

2. 注意 Wireless Router0 路由器的设置做完，一定要点保存"savesettings"，否则无效。

【技术原理】

1. WLAN（Wireless LAN）是计算机网络与无线通信技术相结合的产物。用射频（RF）技术取代旧式的双绞线构成局域网络，提供传统有线局域网的所有功能。具有部署简单、移动方便、使用便捷等优点。

2. 无线网络技术是实现 6A 梦想/移动计算/普适计算（UbiquitousComputing）的核心技术。构造无处 6A：任何人（anyone）在任何时候（anytime）、任何地点（anywhere）可以采用任何方式（anymeans）与其他任何人（anyother）进行任何通信（anything）。

3. 无线网络分类：从无线网络覆盖范围的角度看，可以分为无线个人网（WPAN）、无线局域网（WLAN）、无线城域网（WMAN）、无线广域网（WWAN）。

4. IEEE802.11 协议的实施与发展。自从 1997 年 IEEE802.11 标准实施以来，先后有 802.11a、802.11b、802.11e、802.11f、802.11g、802.11h、802.11i、802.11j、802.11n。目前 802.11n 可以将 WLAN 的传输速率由 802.11a 及 802.11g 提供的 54Mbps 提高到 108Mbps，甚至高达 500Mbps，可以支持高质量的语音、视频传输。这得益于将 MIMO（多人多出）与 OFDM（正交频分复用）技术相结合而应用的 MIMOOFDM 技术。

5. 802.11b/g 工作频段划分，如图 6-5-14 所示。

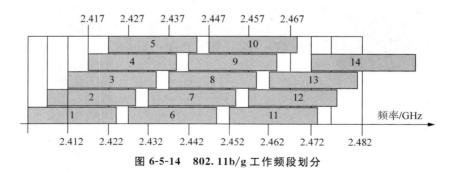

图 6-5-14　802.11b/g 工作频段划分

6. 无线覆盖原则——蜂窝式覆盖：任意相邻区域使用无频率交叉的频道，如 1、6、11 频道，适当调整发射功率，避免跨区域同频干扰，蜂窝式无线覆盖实现无交叉频率重复使用，如图 6-5-15 所示。

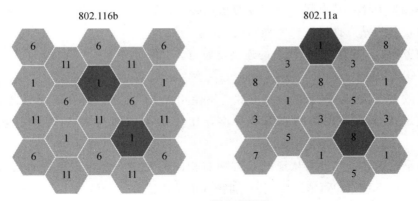

图 6-5-15　蜂窝式覆盖

7. 无线传输的干扰因素——多径传播：障碍物反射信号，使接收端收到多个不同延迟的信号拷贝。如果收到的多个信号相位破坏性叠加，则就相对噪声来说，信号强度下降（信噪比减小），导致接收端检测困难，如图 6-5-16 所示。

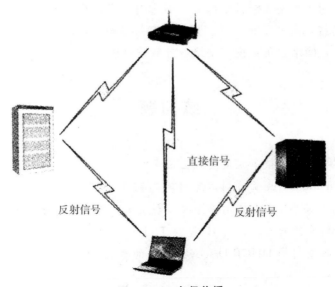

图 6-5-16　多径传播

8. 无线传输的干扰因素——衰耗：电磁波的穿透性与频率有关，频率越低穿透性越强。频率越高，衰减越严重，发射机需要更大的功率，传输范围更短。而且不同材质对无线电波也有不同的影响。

9. WLAN 网络模式。

（1）独立型网络模式（independentBSS）：如 Ad Hoc，无须 AP 支持，站点间可相互通信。

（2）基础结构型网络模式：又分为基础结构型 BSS（infrastructureBSS）与扩展服务集合 ESS（Extended Service Set）。

基础结构型 BSS：站点间不能直接通信，必须依赖 AP 进行数据传输。AP 提供有线网络的连接，并为站点提供数据中继功能。

扩展服务集合 ESS：多个 BSS 的连接与通信。

10. 安全与认证。

（1）开放系统认证：缺省的认证方式，不使用 WEP 加密，所有认证消息都以明文方式发送。决定认证是否成功的依据有许多，比如访问控制列表（ACL）、业务组标识（SSID）等。

（2）共享密钥认证：参与认证的双方拥有相同的密钥，使用该密钥对质询文本进行 WEP、WPA（TKIP）、WPA2（AES）加密（请求认证方）和解密（认证方），以判断认证是否成功。

（3）WAPI（中国国家标准）。

11. WLAN 设备。

（1）FATAP：FATAP 将 WLAN 的物理层，用户数据加密、认证、漫游、网络管理等功能集一身。适用于小型无线网络部署，不适用于大规模网络部署。

（2）无线控制器交换机和 Fit AP：用户管理数据与用户转发数据分离，受控数据与非受控数据转发分离，网络管理数据与网络业务数据分离。

练习题

1. 查看活动的 NAT 转换条目使用什么命令？

2. 配置 ipnatinsidesource 命令时，为实现 NAPT 必须指定哪个参数？

3. 为了防止用户使用 NAT 路由器连接多台主机，小区宽带运营商会在用户的上连设备上配置策略，将所有转发至用户的 IP 包的 TTL 值设置为 1。这么做的理由是什么？

4. DHCP 客户端发出的 DHCP Discover 报文的源 IP 地址是什么？

项目七 组建简单的小型网络（综合应用1）

【应用环境】

日新公司需要搭建一个简单的交换式网络，实现销售部、财务部和市场部三个部门之间的互相访问和资源共享，为便于日后管理，需要更改交换机的名字，为交换机配置 enable 密码，防止非网络管理人员进入设备，并将每台机器的 IP 地址和 MAC 地址登记下来，为日后实现 IP 和 MAC 的绑定做准备。

【应用拓扑】

网络设备的简单互联如图 7-1-1 所示。

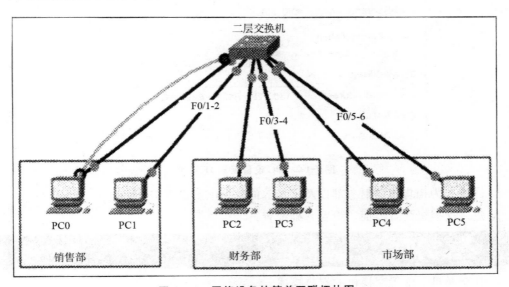

图 7-1-1　网络设备的简单互联拓扑图

【应用步骤】

1. 规划设计（各 PC 的 IP 地址、子网掩码、连接的端口、线缆等）如表 7-1 所示。

表 7-1　规划设计表

计算机	IP 地址	子网掩码	变换机端口	端口描述	线缆类型
PC1	192.168.1.1	255.255.255.0	F0/1	linktoPC1	直通线

续表

计算机	IP 地址	子网掩码	变换机端口	端口描述	线缆类型
PC2	192.168.1.2	255.255.255.0	F0/2	linktoPC2	直通线
PC3	192.168.1.3	255.255.255.0	F0/3	linktoPC3	直通线
PC4	192.168.1.4	255.255.255.0	F0/4	linktoPC4	直通线
PC5	192.168.1.5	255.255.255.0	F0/5	linktoPC5	直通线
PC6	192.168.1.6	255.255.255.0	F0/6	linktoPC6	直通线

2. 在 PC 的配置界面，进行 IP 配置，如图 7-1-2 所示。

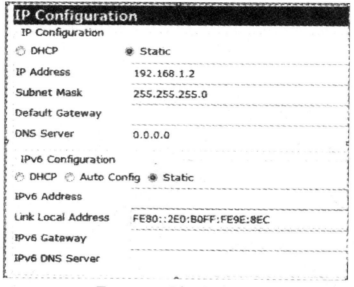

图 7-1-2　PC 设备配置 IP 地址

3. 同理，为销售部、财务部以及市场部的其他电脑设置 IP 地址。
4. 进入交换机配置界面，设置基础配置。

```
switch >enable
switch #config terminal
```

5. 在交换机上配置交换机的端口描述。

```
switch(config)#interface f0/1
switch(config-if)#description link to PC1
switch(config)#interface f0/2
switch(config-if)#description link to PC2
switch(config)#interface f0/3
switch(config-if)#description link to PC3
switch(config)#interface f0/4
switch(config-if)#description link to PC4
switch(config)#interface f0/5
```

项目七　组建简单的小型网络（综合应用1）

6. 在交换机上查看端口信息。

```
Switch#show interfaces f0/1
FastEthernet0/1 is up, line protocol is up (connect)
  Hardware is Lance, address is 000a.f349.1c01 (bia 000a.f349.1c01)
  Description:link to PC1
  BW 100000 Kbit, DLY 1000 usec,
     reliability 255/255, txload 1/255, rxload 1/255
  Encapsulation ARPA, loopback not set
  Keepalive set (10 sec)
  Full-duplex, 100Mb/s
  input flow-control is off, output flow-control is off
  ARP type: ARPA, ARP Timeout 04:00:00
```

7. 查看配置文件。

```
Switch #show running-config        //查看配置文件
Building configuration...

Current configuration : 1009 bytes
!
version 12.2
no service timestamps log datetime msec
no service timestamps debug datetime msec
no service password-encryption
!
hostname sw1
!
!
interface FastEthernet0/1
description link to PC1
interface FastEthernet0/2

description link to PC2
interface FastEthernet0/3
description link to PC3
interface FastEthernet0/4
description link to PC4
interface FastEthernet0/5
!
(此处省略)
```

8. 在交换机上配置交换机的主机名。

```
Switch>
Switch #conf t
Switch(config)#hostname Sw1
Sw1(config)#
```

9. 查看交换机的 MAC 地址表。

```
Switch #show mac-address-table
```

· 177 ·

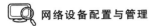

根据查看结果，填写交换机 MAC 表，如表 7-2 所示。

表 7-2　交换机 MAC 表

计算机	变换机端口	MAC 地址
PC1		
PC2		
PC3		
PC4		
PC5		
PC6		

10. 验证测试。在 PC0 上使用命令提示符窗口，输入 ping 命令，分别 ping 销售部、财务部和市场部的机器，检验网络的交互性。

【调试和排错】

（1）当机器之间不通时，可以检查配置的 IP 地址是否在一个网段。交换机可以互通局域网内相同网段的网络设备。

（2）接口描述命令可以帮助排查接口是否接错，因此在工程上该命令经常使用。

【应用小结】

组建简单的小型交互式局域网时，交换机不需要进行任何配置，只需将 PC 计算机配置成相同网段的 IP 地址，就能使局域网互联互通。

项目八　构建中型的园区网络（综合应用2）

在一些大型的网络中，网络存在一定的复杂性。网络中会出现多种协议共同存在的情况，不同的路由协议之间是不可以相互学习路由信息的。路由重分布技术可以很好地解决这个问题。

【应用环境】

日新公司总部业务拓展，收购了另外一家分公司，总分公司所用的路由协议并不一样，这个时候必须采取一种方式来将一个路由协议的信息分布到另外的一个路由协议里面去，也就是重分布技术。

【应用拓扑】

重分布实验拓扑如图 8-1-1 所示。

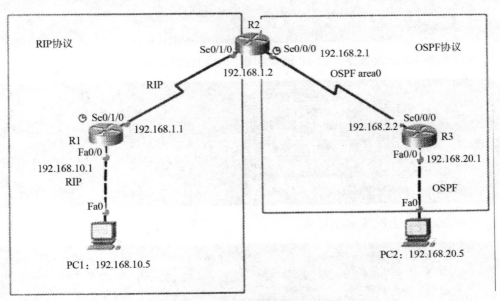

图 8-1-1　重分布实验拓扑图

【应用步骤】

1. 在路由器 R1 上配置接口的 IP 地址和串口上的时钟频率

```
R1(config)# interface serial 0/1
R1(config-if)# ip address 192.168.1.1 255.255.255.0
R1(config-if)#clock rate 128000            //配置 R1 的时钟频率（DCE）
R1(config-if)# no shutdown
R1(config-if)#exit
R1(config)# interface FastEthernet 1/0
R1(config-if)# ip address 192.168.10.1 255.255.255.0
R1(config-if)# no shutdown
R1(config-if)#exit
//验证测试：验证路由器接口的配置。
Router1#show ip interface brief
```

2. 在路由器 R2 上配置接口的 IP 地址和串口上的时钟频率

```
R2(config)# interface serial 0/1
R2(config-if)# ip address 192.168.1.2  255.255.255.0
R2(config)# no shutdown
R2(config)# interface serial 0/0
R2(config-if)#clock rate 128000
R2(config-if)# ip address 192.168.2.1 255.255.255.0
R2(config-if)# no shutdown
//验证测试：验证路由器接口的配置。
R2#show ip interface brief
```

3. 在路由器 R3 上配置接口的 IP 地址和串口上的时钟频率

```
R3(config)# interface serial 0/0
R3(config-if)# ip address 192.168.2.2  255.255.255.0
R3(config)# no shutdown
R3(config)# interface FastEthernet 1/0
R3(config-if)# ip address 192.168.20.1 255.255.255.0
R3(config-if)# no shutdown
//验证测试：验证路由器接口的配置。
Router3#show ip interface brief
```

4. 在路由器 R1 上配置 RIP 协议

```
R1(config)#router rip                          //开启 RIP 协议进程
R1(config-router)#network 192.168.1.0          //申请直联网段，并分配区域号
R1(config-router)#network 192.168.10.0         //申请直联网段，并分配区域号
R1(config-router)#end
```

5. 在路由器 R2 上配置 OSPF 和 RIP 协议

```
R2 (config)# router ospf 1                              //开启 OSPF 协议进程
R2 (config-router)# network 192.168.2.0  0.0.0.255 area 0
R2 (config-router)# redistribute rip metric 3 subnets   //OSPF 中引入 RIP 路由
R2 (config-router)# redistribute connected
R2 (config-router)#end
R2 (config)# router rip                                 //开启 RIP 协议进程
R2 (config-router)# network 192.168.1.0
R2 (config-router)# version 2
R2 (config-router)# no auto-summary
R2 (config-router)# redistribute ospf 1 metric 3        //RIP 中引入 OSPF 路由
R2 (config-router)# redistribute connected
R2 (config-router)#end
```

6. 在路由器 R3 上配置 OSPF 协议

```
R3 (config)# router ospf 1                              //开启 OSPF 协议进程
R3 (config-router)# network 192.168.2.0  0.0.0.255 area 0
R3 (config-router)# network 192.168.20.0 0.0.0.255 area 0
R3 (config-router)#end
```

7. 测试

为 PC1 配置 IP 地址、子网掩码和网关：192.168.10.5，255.255.255.0，192.168.10.1。
为 PC2 配置 IP 地址、子网掩码和网关：192.168.20.5，255.255.255.0，192.168.20.0。

```
PC>ping 192.168.20.5
Pinging 192.168.20.5 with 32 bytes of data:
Reply from 192.168.20.5: bytes=32 time=78ms TTL=255
Reply from 192.168.20.5: bytes=32 time=31ms TTL=255
Reply from 192.168.20.5: bytes=32 time=31ms TTL=255
Ping statistics for 192.168.20.5:
    Packets: Sent = 4, Received = 4, Lost = 0 (0% loss),
Approximate round trip times in milli-seconds:
    Minimum = 31ms, Maximum = 78ms, Average = 43ms
```

【调试和排错】

（1）重分布静态和直联路由时，不用指定度量值 metric。

（2）检查 Subnets 参数是否指定了重分布子网路由。

（3）容易遗漏直联路由的重分布。

【应用小结】

在大型网络中，有时会出现多种协议共存的情况，利用重分布技术可以将路由从一种协议发布到另外一种协议中，从而实现路由的互通。

项目九 将办公网络接入互联网（综合应用3）

任务1 实现内网用户访问互联网
任务2 实现外网访问内网服务器

任务1 实现内网用户访问互联网

【应用环境】

日新公司向 ISP 运营商申请了两个公网 IP 地址，希望公司总部全体员工的主机都能够访问互联网，分公司员工可以通过专线从公司总部访问外网。公司在边界路由器上实现 NAT 技术，将内网多个本地 IP 地址转换为公网 IP 地址，从而接入互联网。

【应用拓扑】

动态 NAT 拓扑图如图 9-1-1 所示。

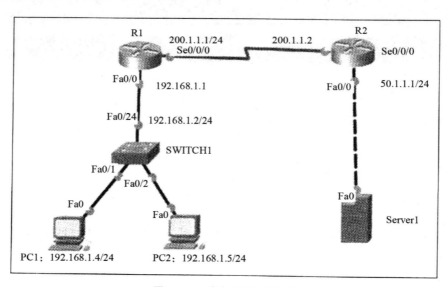

图 9-1-1 动态 NAT 拓扑图

【应用步骤】

1. 配置公司边界路由器 R1（接口 IP 配置）

```
R1(config)#interface f0/0
R1(config)#ip address 192.168.1.1 255.255.255.0
R1(config)#no shutdown
R1(config)#interface s0/0/0
R1(config)#ip address 200.1.1.1 255.255.255.0
R1(config)#no shutdown
R1(config)#ip router 0.0.0.0 0.0.0.0 200.1.1.2
```

2. 公网路由器 R2 的基本配置（接口 IP 配置）

```
R2(config)#interface f0/0
R2(config)#ip address 50.1.1.1 255.255.255.0
R2(config)#no shutdown
R2(config)#interface s0/0/0
R2(config)#ip address 200.1.1.2 255.255.255.0
R2(config)#clock rate 64000
R2(config)#no shutdown
```

3. 在公司边界路由器 R1 上配置默认路由

```
R1(config)#ip router 0.0.0.0 0.0.0.0 200.1.1.2
R1(config)#exit
R1#ping 200.1.1.1
Type escape sequence to abort.
Sending 5,100-byte ICMP Echos to 200.1.1.1,timeout is 3 seconds:!!!!!
```

4. 定义内部需要转换的网段

```
R1(config)#access-list 1 permit 192.168.1.0 0.0.0.255
```

5. 配置路由器 R1，启用 NAT 协议

```
R1(config)#ip nat pool natpool 200.1.1.3 200.1.1.4 netmask 255.255.255.0
    //定义名为 natpool 的动态转换地址池
Router-A_config#ip nat inside source list 1 pool natpool overload
    //配置动态 NAT 映射
R1(config)#interface f0/0
R1(config-if)#ip nat inside              //配置 NAT 内部接口
R1(config)#interface s0/0/0
R1(config-if)#ip nat outside             //配置 NAT 外部接口
```

6. 在 PC1 浏览器上访问外网服务器 Server1 的 IP 地址：50.1.1.5

如图 9-1-2 所示。

图 9-1-2　访问外网服务器

7. 查看转换表

```
R1#show ip nat translations
Pro Inside global   Inside local    Outside local   Outside global
tcp 200.1.1.3:1026  192.168.1.1:1026  50.1.1.5:80   50.1.1.5:80
tcp 200.1.1.3:1027  192.168.1.1:1027  50.1.1.5:80   50.1.1.5:80
```

【调试和排错】

如果动态 NAT 地址池中没有足够的地址作动态映射，则会出现提示 NAT 转换失败，并丢弃数据包的信息。

```
*Feb 22 09:02:59.075: NAT: translation failed (A),
 dropping packet s=192.168.1.2 d=50.1.1.5
```

因此必须在此之前清楚动态 NAT 表，具体配置如下。

```
R1#debug ip nat
IP NAT debugging is on
R1#clear ip nat translation *  //清除动态 NAT 表
*Mar 4 01:34:23.075: NAT*: s=192.168.1.1->200.1.1.4, d=50.1.1.5 [19833]
*Mar 4 01:34:23.087: NAT*: s=50.1.1.5, d=200.1.1.4->192.168.1.1 [62333]
(此处省略)
*Mar 4 01:28:49.867: NAT*: s=192.168.1.2->200.1.1.3, d=50.1.1.5 [62864]
*Mar 4 01:28:49.875: NAT*: s=50.1.1.5, d=200.1.1.3->192.168.1.2 [54062]
```

【应用小结】

NAT 技术可以实现公司内网的机器访问互联网，在配置时需要注意 inside 和 outside 接口应用不要弄错。

任务 2　实现外网访问内网服务器

【应用环境】

为了发布公司的 WWW 服务，日新公司要实现外部网络可以访问公司内部 Web 服务器。网络管理员将内网 Web 服务器的 IP 地址映射为全局 IP 地址，以实现互联网用户访问公司网站。

【应用拓扑】

NAT 端口映射拓扑如图 9-2-1 所示。

项目九 将办公网络接入互联网（综合应用3）

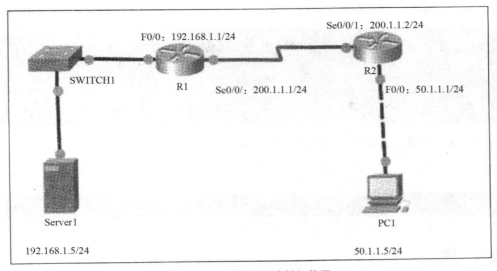

图 9-2-1 NAT 端口映射拓扑图

【应用步骤】

1. 配置公司边界路由器 R1（接口 IP 配置）

```
R1(config)#interface f0/0
R1(config)#ip address 192.168.1.1 255.255.255.0
R1(config)#no shutdown
R1(config)#interface s0/0/0
R1(config)#ip address 200.1.1.1 255.255.255.0
R1(config)#no shutdown
R1(config)#ip router 0.0.0.0 0.0.0.0 200.1.1.2
```

2. 公网路由器 R2 的基本配置（接口 IP 配置）

```
R2(config)#interface f0/0
R2(config)#ip address 50.1.1.1 255.255.255.0
R2(config)#no shutdown
R2(config)#interface s0/0/1
R2(config)#ip address 200.1.1.2 255.255.255.0
R2(config)#clock rate 64000
R2(config)#no shutdown
```

3. 在公司边界路由器 R1 上配置默认路由

```
R1(config)#ip router 0.0.0.0 0.0.0.0 200.1.1.2
R1(config)#exit
```

4. 定义内部需要转换的网段

```
R1(config)#access-list 1 permit 192.168.1.0 0.0.0.255
```

· 185 ·

5. 在路由器 R1 上配置 NAT 映射

```
Router-A_config#ip nat inside source static tcp 192.168.1.5 80
    200.1.1.1 80
R1(config)#interface f0/0
R1(config-if)#ip nat inside              //配置 NAT 内部接口
R1(config)#interface s0/0/0
R1(config-if)#ip nat outside             //配置 NAT 外部接口
```

6. 在 PC1 机器上访问内网服务器 Server1 的网站

在浏览器中输入：http：//200.1.1.1/helloworld.html，如图 9-2-2 所示。

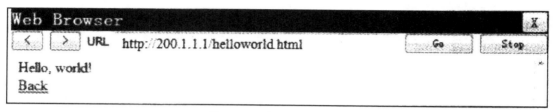

图 9-2-2　访问内网服务器

7. 查看转换表

```
R1#show ip nat translations
Pro Inside global Inside local Outside local Outside global
Global Tcp 200.1.1.1:80 192.168.1.5:80 50.1.1.5:80 50.1.1.5:80
```

【调试和排错】

（1）inside 和 outside 接口应用不要弄错。

（2）内网服务器地址和外网地址的映射顺序不要弄错。

【应用小结】

通过端口映射，可以建立内网服务器的地址与公网地址的映射关系，将内网 IP 地址映射到公网的 IP 地址上，使外网用户能够访问公司内网网站和其他服务。

参考文献

[1] 高峡,陈智罡,袁宗福. 网络设备互连学习指南[M]. 北京:科学出版社,2009.
[2] 高峡,钟啸剑,李永俊. 网络设备互连实验指南[M]. 北京:科学出版社,2009.
[3] 施晓秋. 计算机网络技术[M]. 北京:高等教育出版社,2006.
[4] (美)刘易斯. 思科网络技术学院教程(CCNA3 交换基础与中级路由)[M]. 北京:北京邮电大学出版社,2008.
[5] 孙良旭. 路由交换技术[M]. 北京:清华大学出版社,2010.
[6] 鲍蓉. 网络工程教程[M]. 北京:中国电力出版社,2008.
[7] 桂海源. 现代交换原理[M]. 北京:人民邮电出版社,2007.
[8] 刘增基,邱智亮,交换原理与技术[M]. 北京:人民邮电出版社,2007.
[9] 王建平. 网络设备配置与管理[M]. 北京:清华大学出版社,2010.
[10] 浙江省教育厅职成教教研室. 网络设备配置与调试[M]. 北京:高等教育出版社,2011.
[11] 肖学华,等. 网络设备管理与维护实训教程——基于 CiscoPacketTracer 模拟器[M]. 北京:科学出版社,2011.
[12] 张世勇等. 交换机与路由器配置实验教程[M]. 北京:机械工业出版社,2012.
[13] 张国清等. 网络设备配置与调试项目实训[M]. 北京:电子工业出版社,2012.
[14] 张琦等. 案例精解企业级网络构建[M]. 北京:电子工业出版社,2008.